Global Energy Interconnection
Development and Cooperation Organization

全球能源互联网发展合作组织

清洁能源发电技术发展与展望

全球能源互联网发展合作组织

U0177803

中国电力出版社
CHINA ELECTRIC POWER PRESS

前　言

随着化石能源不断减少、气候变化形势不断严峻、环境污染情况不断加剧，人类对于能源的可靠性、环保性及可持续发展提出了更高的要求。可持续发展的核心是清洁发展，清洁能源发电技术是实现清洁发展的关键。经过多年的发展，清洁能源发电技术已经取得长足的进步，水力发电、风力发电、光伏发电技术当前已经实现规模化应用，光热发电、地热能发电、海洋能发电未来具有较好的发展潜力。清洁能源发电技术进步和成本下降是加快推动能源清洁转型、构建全球能源互联网最重要的动力。

报告总共 6 章，以全面性为宗旨，按章节分别介绍了 6 种主要清洁能源发电技术的基本原理。结合走访与调研，梳理了清洁能源发电技术的发展现状，紧密结合能源清洁转型需求，分析了面临的主要技术难点。整合技术性和经济性研究，基于技术成熟度评估，提出了各类清洁发电技术未来的发展目标和研发攻关方向；分析影响经济性的主要技术因素，采用多元线性回归与深度自学习神经元网络相结合的分析方法，根据技术发展目标研判经济性变化趋势。

全球能源互联网是实现清洁能源优化配置、缓解全球能源困境和气候环境等复杂问题的优化方案，而清洁能源发电技术是全球能源互联网发展的根本，具有广阔的发展空间和应用前景。报告是全球能源互联网关键技术系列成果之一，旨在使读者掌握全球主要清洁能源发电的现状和关键技术发展趋势，成为政策制定者全面了解清洁能源发电技术的重要参考。研究成果对进一步夯实构建全球能源互联网的技术基础，促进清洁能源大规模开发、全球配置和高效利用，实现世界经济、社会、环境可持续发展具有重要意义。

摘 要

全球能源互联网是能源生产清洁化、配置广域化、消费电气化的重要平台，将为实现世界经济、社会、环境可持续发展提供系统解决方案。全球能源互联网的根本是促进清洁能源的开发和利用。清洁能源发电是实现清洁替代的关键技术。目前，主流的清洁能源发电技术包括水力发电技术、风力发电技术、太阳能光伏发电技术、太阳能热发电技术和地热发电技术，此外，近年来海洋能发电技术也蓬勃发展。加快能源清洁转型、构建全球能源互联网，需要清洁能源发电技术不断进步，提升能源转化效率、降低成本。

报告采用**技术成熟度**（Technology Readiness，TR）评估方法，分析了主要技术路线的成熟度水平，提出技术发展目标。报告将清洁能源发电成本分为技术类和非技术类，技术类投资与技术成熟度高度相关，主要包括项目开发需要使用的设备投资和建筑安装等费用；非技术类投资主要包括项目前期费用、征地费用、人工费用、金融成本等。报告在经济性预测分析中将二者进行解耦，采用基于技术成熟度分析的"多元线性回归＋学习曲线拟合法"，评估和预测变化规律性相对较强的技术类投资；采用基于深度自学习神经元网络算法的关联度分析和预测方法，处理不确定性因素多，规律相对复杂的非技术类投资，建立了 **RL-BPNN 二元综合模型**。结合技术发展目标及其成熟度研判成果，以2035 年和 2050 年为水平年，分析预测了各类发电技术的经济性水平。

水力发电技术装备持续进步，度电成本维持在 4～6 美分 /kWh 范围。经历超过百年的发展和全球应用，水力发电技术和装备已成熟。目前，全球已投运的最大混流式水轮机单机容量达到 770MW，采用 1000MW 单机的中国白鹤滩水电项目正在建设；变频调速可逆式水轮机组的最大单机容量达到 480MW，最高扬程达到 778m，最高转速达到 500r/min；冲击式水轮机组最大单机容量

达到 423.13MW，最高水头达到 1869m。水力发电经济性较好，目前全球水电平均度电成本在 4~6 美分 /kWh。

水力发电关键技术主要涉及工程选址和建设，水轮发电机组设计制造和水电站运行控制等方面。随着全球水电资源开发不断深入，应用最为广泛的大型混流式水轮机，用于高水头水电资源开发的冲击式水轮机和用于电力系统调峰的变频调速抽蓄机组的设计、研发和制造技术是未来发展重点。其中，水力设计、稳定性研究、电磁设计和结构优化、推力轴承制造和水电机组控制等方面是重要的攻关方向。随着技术进步，预计到 2050 年，大型混流式水轮发电机组有望实现单机容量 1500MW，最高水头 800m；冲击式水轮发电机组，有望实现单机容量 800MW，最高水头 2200m；变频调速抽蓄机组有望实现单机容量 750MW，最高扬程 1000m，转速 700r/min。

考虑到技术进步装备成本下降、水电资源开发条件日趋复杂的多重因素作用，未来全球水电的平均度电成本可能会有小幅波动并呈现出较大的区域性差异，但总体平均水平仍稳定在 4~6 美分 /kWh 范围，部分资源条件好、非技术性成本低的工程，如刚果河大英加电站，度电成本有望降至 3~3.5 美分 /kWh。

风力发电机组大型化趋势明显，风电开发由陆上向海上、极地等资源富集地区延伸，风力发电度电成本持续降低。风力发电技术经历了数十年的发展，风力发电技术和装备日益成熟。目前，全球陆上风机的平均单机装机容量 2.6MW，平均风轮直径 110.4m；全球海上风机的平均单机装机容量 5.5MW，平均风轮直径 148m。风力发电是当前最具经济性的新能源发电，全球陆上风电平均度电成本 4.7 美分 /kWh，海上风电平均 7.8 美分 /kWh。

风力发电关键技术主要涉及两个方面，**一是**风力发电机组的技术研发。为提高发电效率，低风速风机和大型化风机是未来发展趋势，其中叶片的大型化是关键。叶片结构设计、叶尖速设计、材料和分段式叶片技术等是风机叶片大型化的重要攻关方向。**二是**风电场建设、并网及运维控制技术。海上、极地风速更高，波动性小，为提高风电开发效率、节约可利用土地资源，风电场建设正向海上、极地延伸。海上风机基础技术进步是发展海上风电的关键，基础结构选择和结构模态分析、桩基设计、载荷计算和疲劳分析等技术是重要攻关方向；风机抗低温运行技术是发展极地风电的关键，抗寒叶片研发、耐低温润滑油、低温密封材料选择、叶片除冰等技术是重要攻关方向。

预计到 2050 年，陆上风机平均风轮直径有望达到 220m，平均单机容量超过 12MW；海上风机平均风轮直径有望达到 250m，平均单机容量超过 20MW。考虑到风机大型化带来的风机效率提升、运维成本下降以及海上、极地风电的大规模开发，到 2050 年，全球陆上风电平均度电成本有望降至 2.6 美分 /kWh，海上风电有望降至 5 美分 /kWh。在资源条件优越的区域，如南美阿根廷南部地区，陆上风电度电成本有望低至 2 美分 /kWh，在欧洲北海，海上风电度电成本有望低至 4 美分 /kWh。

光伏发电的效率不断提升，电池组件制造工艺持续优化改进，光伏电站运维技术明显改善，度电成本快速下降。太阳能光伏发电技术经过了 160 多年的发展历史，从 20 世纪 50 年代中期，光伏电池板的材料水平快速进步，光伏发电技术和装备日益成熟。目前，晶硅电池组件的转换效率达到 24.4%，薄膜电池组件的转换效率达到 19.2%。近十年，全球光伏发电的平均度电成本已从 35 美分 /kWh 大幅下降到 4.6 美分 /kWh。

　　光伏发电关键技术主要涉及两个方面，**一是**光伏电池的研发与制造，关键在于提升转换效率。降低光损失、载流子复合损失和串并联电阻损失是提高电池转换效率的主要研发方向，研究制造新型多 PN 结层叠电池，是突破单结电池效率极限的关键；**二是**光伏组件相关技术，关键在于提升极低温 / 强辐射等恶劣环境下光伏组件的性能和寿命。增加光伏玻璃密度和透光率，增强封装材料（EVA 胶膜）化学稳定性、黏度和耐低温性能，增强背板的低温机械强度、韧性及抗老化性能是提升极端环境下光伏组件性能和寿命的重要攻关方向。

　　预计到 2050 年，晶硅电池组件转换效率有望达到 27%；铜铟镓硒薄膜电池组件转换效率有望达到 25%，新型多 PN 结层叠电池组件的转换效率有望达到 35%。考虑到电池材料的突破和生产工艺进步，预计 2050 年全球光伏发电规模化开发的平均度电成本有望降至 1.5 美分 /kWh，部分资源条件好、非技术性成本低的地区，有望低至 1 美分 /kWh。

　　光热发电技术逐步成熟，集热场效率和系统运行温度不断提升，度电成本下降趋势显著。从 20 世纪 70 年代开始，由于石油危机的影响，光热发电技术成为研究热点，经过近几十年的发展，槽式和塔式光热发电技术已实现商业化运行，槽式光热电站主要采用水或导热油为传热工质，系统运行温度在 230~430℃；塔式光热电站主要采用熔融盐传热，温度在 375~565℃。碟式和线性菲涅尔式仍处于工程示范阶段。目前，全球光热电站的平均度电成本还较高，约为 19 美分 /kWh。

　　光热发电关键技术主要涉及两个方面，**一是**提高光热转换效率，关键是提高集热场聚光比。改进和创新集热场的反射镜和跟踪方式是提高聚光比的重要攻关方向；**二是**提高热电转换效率，关键是研发和选取高性能传热介质、提高

系统运行温度。研发新型硅油、液态金属、固体颗粒、热空气等新型传热介质，采用超临界二氧化碳布雷顿循环等新型发电技术，是重要攻关方向。

预计到 2050 年，光热电站有望采用更高传热效率、更高热容比的传热介质，运行温度超过 800℃。尽管光热发电系统构成复杂、选址要求苛刻、受到热电转换极限约束，但考虑到光热电站效率提升，生产设备技术进步和产业链完善，预计到 2050 年全球光热发电的平均度电成本有望降至 5.3 美分 /kWh。未来，在纯太阳能发电基地外送场景中采用光热光伏联合开发模式，可以充分利用光伏成本低和光热具备调节能力的特点，将二者进行优势互补，具有较好的发展前景。

水热型地热发电技术已经成熟，但可开发资源有限；干热岩型地热资源储量大，发电技术有待突破，度电成本相对较高。从 20 世纪初首台地热能发电站建成至今，经过近百年的发展，水热型地热发电技术已经成熟，在全球多国实现了商业化开发。干热岩型地热资源埋藏较深、开发潜力大，增强型地热系统（EGS）开发技术还处于试验阶段，未实现商业化。目前全球地热发电平均度电成本约 7.2 美分 /kWh。

地热发电的关键技术包括地热井开发、地热流体收集、地热发电设备设计及地热田回灌等。未来技术研发主要集中在三个方向，**一是**中低温地热发电进一步降低乏汽排放温度，提高整体循环效率；**二是**干热岩地热能发电要突破资源评估与选址、高温钻探和储层改造等技术；**三是**与其他清洁能源发电技术实现多能互补联合发电，提高能源利用效率。考虑未来钻井完井技术突破可能带来的经济性提升，预计 2050 年左右，包含干热岩型在内的地热发电的度电成本有望降至 5~6 美分 /kWh。

　　海洋能开发技术路线繁多，潮汐能已经实现小规模商业开发，波浪能处于工程示范阶段，海流能、温差能、盐差能等新型海洋能发电技术具备一定的发展潜力。海洋能发电技术中，潮汐能发电技术最成熟，已实现商业化开发，波浪能已有多个示范性工程，海流能和温差能发电处在原理性研究和小型试验阶段，盐差能发电仍处于实验室研究水平。

　　潮汐能发电关键技术包括潮汐能的预测和评估、潮汐电站的设计等，未来充分开发条件较好的站址资源，利用潮汐发电的周期性与风电、光伏其他清洁能源发电不同的特点，实现沿海地区的清洁用能、多能互补。波浪能发电的关键技术包括波浪载荷设计及其在海洋环境中的生存技术、装置建造和施工中的海洋工程技术、不规则波浪中的发电装置设计与运行优化技术等；未来有望与海上风电开发相结合，共用电力外送通道，提高系统综合发电利用率。海流能发电的关键技术包括设计高效率叶片，改进功率控制方式，提高自对流精确度，改进安装锚定与维修技术等；未来可在远海、深海供电场景中发挥重要作用。温差能发电的关键技术包括换热器防腐蚀和防海洋微生物附着技术、冷海水管的制造和安装技术等；除发电外，还可以实现对深层海水综合利用，与海洋养殖、海水淡化等产业结合发展。盐差能发电的关键技术包括提高渗透膜的效率、降低渗透膜的制造成本、延长渗透膜的使用寿命等，解决技术和选址瓶颈，逐步实现从实验室走向工程应用。

　　未来海洋能发电技术研发将集中在三个方向，一是提高电站的发电效率、装机容量；二是提升电站、设备在高盐、高腐蚀环境下长期可靠运行的能力；三是降低电站造价及运维成本，提升海洋能资源开发的经济性。

目 录

3　光伏发电技术

图目录

表目录

1

水力发电技术

水力发电技术是通过水电站把水的势能转化为电能的工程技术。水力发电具有技术成熟、开发经济、调度灵活、清洁低碳、安全可靠等优点并可兼顾灌溉、防洪、航运等社会效益。随着能源匮乏和环境污染问题日益严重，建立在传统化石能源基础上的能源发展方式已经难以为继，合理开发水能资源等绿色低碳的可再生能源，逐步调整能源结构可以有效缓解能源紧缺问题，实现可持续发展。

1.1 技术现状

1.1.1 技术概况

1. 技术发展历程

人类利用水能资源的历史已有数千年，利用水能发电已超过 130 年，水能的利用与经济发展密切相关。最早使用水能资源始于公元前 202 年至公元 9 年的中国汉朝，当时利用垂直放置的集水车轮带动杵锤碾谷、碎石和早期造纸。公元前 2 世纪，古代希腊和印度已有水轮磨坊的记载。公元 3 世纪，世界第一座拱坝——陶石拱坝（位于法国）建成，坝高 12m。516 年，中国在淮河中游建成浮山堰，坝高约 50m，为当时世界最高的拦河坝。1827—1828 年，法国人富尔内龙（H.Fournegron）制造出第一台反击式水轮机。1849 年，美国人 H.B. 弗朗西斯发明了混流式水轮机，至今仍然是世界上使用最广泛的一类水轮机。1878 年，世界上第一座水电站在法国建成。19 世纪 70 年代，美国发明家莱斯特·艾伦·佩尔顿（Lester Allan Pelton）发明了佩尔顿（Pelton）冲击式水轮机，并在 1880 年申请了专利。1882 年，第一家服务于私人和商业用户的水电厂在美国的威斯康星州建成，接下来的十年间，数以百计的水力发电厂投产运行。1880—1881 年，在北美地区，例如美国密歇根州大急流城、加拿大安大略省渥太华、美国纽约州的多尔吉维尔和尼亚加拉大瀑布地区先后建成了多个水电站。这些水电站既可以为工厂供电，也为当地提供照明用电。19、20 世纪之交水电技术迅速发展，1891 年，德国制造出第一个三相的水力发电系统；1895 年，美国在尼亚加拉大瀑布开建当时世界最大的水电开发项目爱德华·迪安·亚当斯（Edward Dean Adams）水电站；1910 年，中国在云南省开建中国大陆第一座水电站——石龙坝水电站，该电站装机容量为 480kW，于 1912 年投产运行。20 世纪上半叶，美国和加拿大在水电工程技术领域处于领先地位。1942 年，位于华盛顿州装机容量 1974MW 的大古力水电站（现有装机容量 6809MW），超过 1936 年建于科罗拉多河的胡佛水电站（1345MW），成为当时世界最大的水力发电工程。20 世纪 60 年代至 80 年代，大型水电的开发主要集中在加拿大、苏联和拉丁美洲。20 世纪 90 年代至今，巴西和中国已经成为水电领域的领头羊。1984 年，位于巴西和巴拉圭边境的伊泰普水电站投产，该电站装机容量 12.6GW（后扩容至 14GW）。2003 年，中国三峡水电站投产，该水电站装机容量 22.5GW，是目前世界上最大的水力发电工程 ❶。世界水力发电大事记如图 1.1 所示。

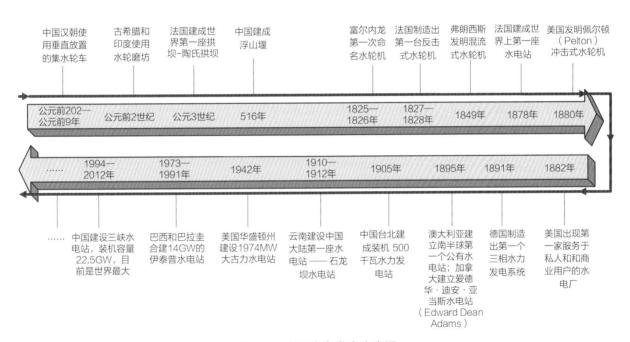

图 1.1　世界水力发电大事记

2. 水电站组成

水电站（Hydropower Station）利用河流、湖泊等位于高处具有势能的水流至低处，将其中所含势能转化成水轮机的动能，再借助水轮机为原动力，推动发电机产生电能。水电站发电原理示意图如图 1.2 所示。

---

❶ 本社 . 中国电力百科全书 [M]. 中国电力出版社，2014.

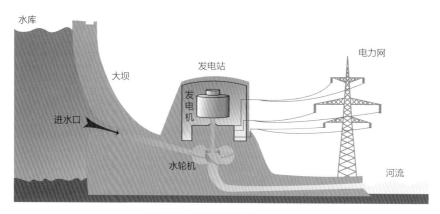

图 1.2　水电站发电原理图

　　水力发电具有技术成熟、成本低、可再生、清洁低碳、无化学和热污染等特点，运行上具有高度机动性和灵活性、管理费用较低等优势。水轮发电机组是实现水的位能转化为电能的能量转化装置，一般是由水轮机、发电机、调速器、励磁系统等组成。

　　水轮机是将水流的能量转换成旋转机械能的水力机械。根据水轮机转轮所转换水流能量的形式不同，水轮机可分为冲击式水轮机和反击式水轮机。冲击式水轮机主要部件由分、流管、导水机构、转轮、主轴、导轴承和机壳组成。反击式水轮机主要由蜗壳（贯流式水轮机中称进口流道）、座环、导水机构、转轮、主轴、导轴承和尾水管组成。根据水流进入的转轮轴面的流线方向不同，分为混流式水轮机、斜流式水轮机、轴流式水轮机和贯流式水轮机。

　　发电机一般包括转子、定子、机架、导轴承、冷却器等部分。它是以水轮机为原动机，水轮机的转动会带动发电机的转子旋转，将水能转化为电能。通过控制机组转速稳定在同步转速，使得机组输出符合电网要求的电能。

　　调速器的主要作用是调节发电机频率和有功出力。根据电网负荷的变化，相应地调节水轮发电机组有功功率的输出，以维持机组转速或频率在规定范围内，有效保证了供电质量和供电可靠性。

　　励磁系统的作用是调节发电机电压和无功功率，主要包括励磁功率单元和励磁调节器两部分。磁功率单元向同步发电机转子提供励磁电流，而励磁调节器则根据输入信号和给定的调节准则控制励磁功率单元的输出，使发电机转子形成稳定的旋转磁场。

3. 水电站分类

目前，水电站按照不同的分类方法有不同的水电站类型。按照在电网中的作用可以分为**常规水电站、抽水蓄能水电站**。常规水电站利用自然界中水的势能发电，是技术最成熟、开发最多的一种水电站。抽水蓄能水电站建有上下两座水库，其间用压力隧洞或者压力水管相连接，如图 1.3 所示。抽水蓄能机组采用既可以发电也可以抽水的可逆式水轮机，利用电网负荷低谷时多余的电力，将处于下水库的水抽到高处上水库存蓄，待电网负荷高峰时放水发电，尾水至下水库，从而满足电网调峰等调节需要。

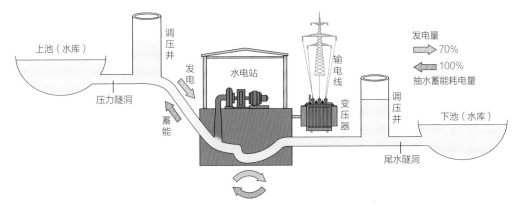

图 1.3　抽水蓄能水电站示意图

按照水头集中的方式可以分为**坝式、引水式、坝—引混合式水电站**。坝式水电站靠大坝来集中水头发电，常建于河流中、上游的高山峡谷中。坝式水电站按照发电厂房的布置方式又可以分为坝后式、坝内式、溢流式、地下式、岸边式和河床式等几种类型。最常见的布置方式是水电厂房位于非溢流坝坝址处，即坝后式水电站，如图 1.4 所示。

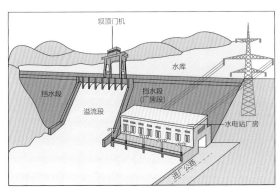 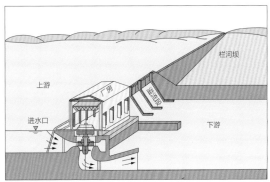

（a）坝后式水电站　　　　　　　　　（b）河床式水电站

图 1.4　坝式水电站示意图

引水式水电站是在河流坡降较陡、落差比较集中的河段，以及河湾或相邻两河河床高度相差较大的地方，利用坡降平缓的迎水道引水而与天然水面形成符合要求的水头发电的发电站。一般分为有压引水与无压引水两类，有压引水式水电站用有压隧洞或钢管从进水口输送水流到厂房，有些电站还要设置调压室，有压引水电站的厂房位置可在岸边、地下或者地上；无压引水式水电站用无压引水道（引水明渠或者无压隧洞）输送水流到压力前池，通过压力管道将水引到水轮发电机组发电。在丘陵地区，引水道上下游的水位相差较小，常采用无压引水电站；在高山峡谷地区，引水道上下游的水位相差很大，常建造有压引水电站，如图 1.5 所示。

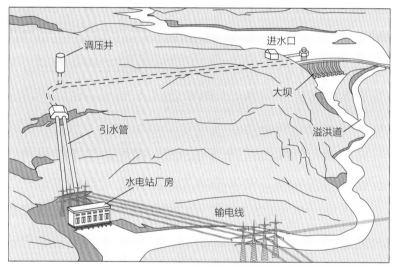

（a）有压引水式水电站

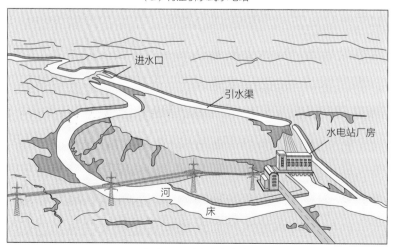

（b）无压引水式水电站

图 1.5　引水式水电站示意图

坝—引混合式水电站是由大坝和引水道两种建筑物共同形成发电水头的水电站，可以充分利用河流有利的天然条件。发电水头一部分靠拦河坝壅高水位取得，另一部分靠引水道集中落差取得。在坡降平缓河段上建筑坝形成水库，以利于径流调节，在其下游坡降很陡或落差集中的河段采用引水方式得到较大水头。混合式水电站一般选址在上游有良好坝址适宜建库，而紧邻水库的下游河道突然变陡或河流有较大转弯的地方，如图 1.6 所示。

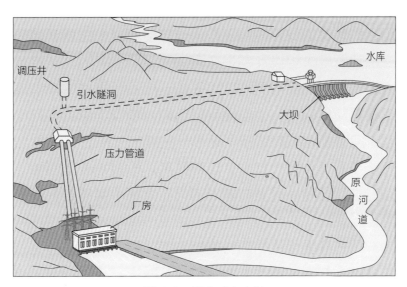

图 1.6　混合式水电站

按照水电站装机容量大小主要分为大型、中型、小型水电站。在中国，一般将装机容量大于 1200MW 划分为一等〔大（1）型水电站〕、300～1200MW 分为二等〔大（2）型水电站〕、50～300MW 为三等〔中型水电站〕、10～50MW 为四等〔小（1）型水电站〕、小于 10MW 为五等〔小（2）型水电站〕。国际上一般将装机容量超过 1000MW 划分为巨型水电站、100～1000MW 为大型水电站、5～100MW 为中型水电站、5MW 以下为小型水电站。

按照水库调节径流的能力分为多年调节水电站、年调节水电站、季调节水电站、周调节水电站、日调节水电站和不调节径流（径流式）水电站。

1.1.2 关键技术

水力发电关键技术主要集中在三个方面：**一是工程选址及建设方面**。水电项目的开发一般遵循先易后难的规律进行建设，目前已建、在建的项目均优先选择开发条件较好的区域。中长期看，剩余的水电项目技术难度将会越来越大，关键技术包括复杂地形地质条件下的高拱坝建设技术、泄洪消能技术、特大地下电站洞室群开挖技术、环境友好型碾压混凝土高薄拱坝技术等。除了传统的地质地形和施工材料等问题，随着生态环境问题日益受到重视，工程建设中越来越强调对于当地环境的友好性，生态保护与修复技术也逐渐成为水电开发的关键。**二是在水轮发电机组设计制造方面**。为了集中高效地利用水能资源，特大型水电站大多坐落在地势较高的崇山峻岭，电站运行水头高，枢纽布置条件受限，水电工程逐渐复杂化、大型化。相应的，常规水轮机自身也向着超高水头、大容量等方向不断突破新的技术瓶颈，提高和发展特大型水电设备设计和制造水平具有重要意义。另一方面，随着风电，光伏等波动性能源发电在电网中的占比日益提高，具有快速调节能力的大容量抽水蓄能电站逐渐成为电网中重要的灵活性调节资源。为增加抽水蓄能机组的调节能力，需要实现大扬程、变频调速等功能。**三是在水电站运行控制方面**。为实现水能的充分利用，同一河流流域内经常建有多个梯级布置的水电站，要提高流域内水电站总体的综合效益，需要实施全流域的联合调度、统一调度、优化水电运行调度管理机制[1]，实现梯级水电站的默契配合，最大限度利用水能。大型流域梯级水电站多目标优化运行技术是实现这一目标的关键，包括电站管理系统的智能化、现代化和资产数字化，建设包括控制系统和区域网络工程的数字化水电站等。

水电领域的关键技术如表 1.1 所示。

---

[1] 中国电力出版社 . 中国水力发电科学技术发展报告：2012 年版 [M]. 2013.

表 1.1　水力发电关键技术

技术角度	细分	关键技术
工程建设	地质勘测	水利水电物探技术、三维地质建模技术
	筑坝技术	拱坝建基面精细化开挖技术、超深与复杂地质条件混凝土防渗墙关键技术、复杂地形地质条件下的高拱坝建设关键技术（高拱坝坝基处理技术、大坝混凝土温控防裂技术、特高拱坝抗震安全技术）、泄洪消能技术、百万 kW 级机组地下电站洞室群开挖技术、环境友好型碾压混凝土高薄拱坝技术等
	施工控制	高陡边坡安全施工技术、地质灾害防治技术、大坝智能化建设技术
	生态保护	水土保持生态修复技术：表层种植土保护技术、高陡边坡治理技术、水库消落带治理技术、植被修复技术等。 过鱼设施布置技术：鱼道、升鱼机、鱼闸等
设备制造	水轮机组	大型混流式水轮机组及其配套设备 变频调速可逆式水轮机组 大型冲击式水轮机
运行监控	联合调度	大型流域梯级水电站多目标优化运行技术

1.1.3　工程案例

1. 三峡水电站

目前，世界装机容量最大的在运水电站是**长江三峡水利枢纽工程项目**，简称三峡工程，如图 1.7 所示。

三峡工程采用坝后式厂房布置，共安装 32 台 700MW 水轮发电机组，其中左岸 14 台、右岸 12 台、右岸地下 6 台，另外还有 2 台 50MW 的机组，总装机容量 22.5GW，年发电量约 100TWh，相当于节约标煤 0.319 亿 t，直接减排二氧化碳 0.858 亿 t。三峡水电站项目耗资约 1800 亿元（约合 260 亿美元），于 2003 年开始投产运行。

三峡大坝为混凝土重力坝，坝长 2335m，底部宽 115m，顶部宽 40m，坝顶高程为海拔 185m，最大浇筑坝高 181m，正常蓄水位海拔 175m。大坝下游的水位约海拔 66m，坝下通航最低水位海拔 62m，通航船闸上下游设计最大落差 113m。工程主体建筑物的土石方挖填量约 1.34 亿 m^3，混凝土浇筑量约 2794 万 m^3，耗用钢材 59.3 万 t，其中金属结构安装 25.65 万 t。水库全长

图 1.7　三峡水电站

600 余 km，坝轴线全长 2309.47m，水面平均宽度 1.1km，总面积 1084km^2，总库容 393 亿 m^3，其中防洪库容约 221.5 亿 m^3。

2. 伊泰普水电站

伊泰普水电站（Itaipu Binacional）位于巴西与巴拉圭交界的巴拉那河上，在友谊桥（巴西—巴拉圭）以北 15km，是目前第二大水电站，如图 1.8 所示。伊泰普水电站的建成是拉丁美洲国家间相互合作的重要成果，曾被称人类的"第七大奇迹"。该电站的发电装机容量为 14GW，安装有 20 台单机容量为 700MW 的发电机组，液压设计水头是 118m。在 2013 年，该发电厂发电实现创纪录的 986 亿 kWh，供应了巴拉圭 75% 的电力和巴西 17% 的电力。伊泰普水电站于 1974 年 10 月正式动工修建，1984 年 5 月第一台机组投入运转，1991 年 5 月竣工。20 台发电机组中的最后两台发电机组分别于 2006 年 9 月和 2007 年 3 月正式运营。

巴拉那河年平均流量超过 9000m^3/s，落差约为 150m。伊泰普水电站大坝长度采用重力坝、扶壁式坝及土石坝，坝长 7744m，最大坝高为 196m，水库蓄水深度为 250m，蓄水面积为 1350km^2，总蓄水量为 290 亿 m^3。每台发电机组引水管道的直径为 10.5m，长 142m，流量 645m^3/s。该大坝耗资 183

图 1.8 伊泰普水电站

亿美元。坝内蓄满水后，形成了面积达 1350km²、深度为 250m、总蓄水量为 290 亿 m³ 的伊泰普人工湖。

3. 溪洛渡水电站

溪洛渡水电站位于中国四川和云南交界的金沙江上，目前是中国第二、世界第三大水电站，如图 1.9 所示。工程以发电为主，兼有防洪、拦沙和改善上游航运条件等功能，并可为下游电站进行梯级补偿。溪洛渡的两个发电厂房均位于地下，以金沙江为界分属两岸，各安装 9 台单机容量 770MW 机组，总装机容量为 13.86GW。其地下厂房洞室群数量（342 条洞室）和尺寸均为世界之最。溪洛渡水电站于 2005 年 12 月 26 日动工，2007 年 11 月 8 日截流，2013 年 7 月 15 日首台机组（13F）正式发电，2014 年 6 月 30 日实现全部机组发电，2015 年竣工。

溪洛渡水电站是典型的"三高三大"水电站。"三高"即高坝（300m 级）、高地震烈度（基本烈度Ⅷ度）、高速水流（接近 50m/s）；"三大"即大流量（最大泄量约 5 万 m³/s）、大地下厂房（顶拱跨度超 30m）、大型机组（单机容量 770MW）。此电站采用混凝土双曲拱坝，坝高 285.5m，正常蓄水位 600m，总库容 115.7 亿 m³，调节库容 64.6 亿 m³，装机容量 1386 万 kW，年平均发电量 571.2 亿 kWh。

图 1.9　溪洛渡水电站

1.2　需求与趋势

全球水能资源储量丰富，根据全球能源互联网发展合作组织测算和统计，全球水能资源理论蕴藏量约为 46.18PWh/a，如图 1.10 所示为全球水能资源理论蕴藏量分布示意图。由图可知，全球水能资源空间分布并不均匀，其中亚洲占比最高，约占全球的 47.2%，其次是中南美洲约占 20.2%、非洲约占 12.3%、欧洲约占 9.6%、北美洲约占 9.2%、大洋洲约占 1.5%。

图 1.10　全球水能资源理论蕴藏量分布示意图

近年来，全球水电发展势头强劲。2018 年投入运行的水电装机容量超过 21.8GW，累计装机容量升至 1292GW，如图 1.11 所示。其中，在全球 2018 年新增水电装机容量中，中国占据的份额最大，新增装机为 8540MW。根据中国国家能源局正式对外公布的《水电发展"十三五"规划》，2020 年中国水电总装机容量计划达到 380GW，其中常规水电 340GW，抽水蓄能 40GW，年发电量 1250TWh，折合标准煤约 3.75 亿 t。据统计，2018 年全球水力发电量达到 4200TWh，占总发电量的 15.9%，占全球可再生能源发电量的 62.11%，超过风能、太阳能、生物质能、海洋能及地热能等其他可再生能源发电总量的 2 倍[1]。

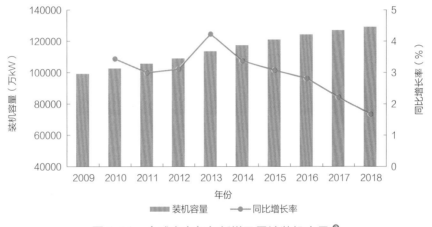

图 1.11　全球水电每年新增及累计装机容量 [2]

根据《全球能源互联网研究与展望》，到 2035 年，全球电源装机容量 16.3TW，其中水电装机容量将达到 2.28TW，占 14%。到 2050 年，全球电源装机容量 26TW，其中水电装机容量将达到 2.86TW，占 11%。根据全球水能资源分布，具备大规模开发条件的水电基地主要分布在中国西南金沙江、雅鲁藏布江等流域，东南亚湄公河、伊洛瓦底江流域，非洲刚果河和尼罗河流域，南美亚马孙河流域、北欧挪威、瑞典等国，如图 1.12 所示。

❶ International Hydropower Association. 2019 hydropower status report: sector trends and insights[R]. London: IHA, 2019.
❷ International Renewable Energy Agency. Renewable capacity statistics 2019[R]. Abu Dhabi: IRENA, 2019.

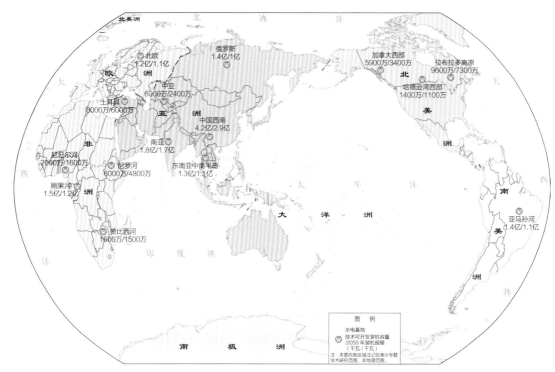

图 1.12　全球大型水电基地布局示意图 ❶

随着全球能源互联网的构建和水能资源的大规模开发，水力发电技术需要在大型化、高水头、快速调节等方面取得进一步发展和突破。

在大型化方面，大型混流式水轮发电机组的技术将是未来的技术需求。以非洲刚果河开发为例，刚果河是世界上水能资源最为丰富的河流，理论蕴藏量2.5PWh/a，流域枢纽大英加水电站装机容量可达 60GW。该类大型水电站宜采用水头范围广、结构简单、技术成熟的大型混流式水轮机。

在高水头方面，全球许多水能蕴藏量丰富的河流落差极大，例如雅鲁藏布江流域，部分河段落差高达 2000m 以上。这种情况下，水电站的运行水头超过混流式水轮机的适用范围，冲击式水轮机是较好的选择。随着近年来冲击式水轮机技术的发展和高水头、大容量水电站的大力开发，大型冲击式水轮机逐渐成为重要的研究方向之一。

❶ 全球能源互联网发展合作组织 . 全球能源互联网研究与展望 [R]. 北京：中国电力出版社，2019.

在快速调节方面，随着风电，太阳能等波动性能源发电在电网中的占比日益增高，系统对灵活性调节资源的需求逐渐增加。相比于常规水电站，由于具有启停灵活、出力调节快速等能力，抽蓄电站不仅可以起到"削峰填谷"的作用，还可以承担调频调相、负荷跟踪和事故备用等功能。未来，大容量、高扬程、可变速是抽水蓄能机组设计和开发的重点。

1.3 技术难点

1.3.1 大型混流式水轮发电机组

混流式水轮机也称为弗朗西斯式水轮机，其水流从四周径向流入转轮，然后近似轴向流出转轮，转轮由上冠，下环和叶片组成，水头应用范围很广，从20～700m 水头均可使用，具有水头范围广、结构简单、转轮强度高的特点，是水电站应用最广泛的机型，约占水电装机容量的 80%，堪称水轮机研究、设计、制造水平的标准及代表机型。目前，混流式水轮机正向高水头、大容量方向发展。混流式水轮机容量主要取决于水轮机尺寸与其运行水头。因此，对于具体电站增加水轮机的容量将增加水轮机尺寸。

大型混流式水轮机组的关键技术主要有混流式水轮机水力设计、稳定运行技术，发电机的电磁设计、冷却技术，推力轴承技术等，主要目的是实现高效率、大容量的同时，保证整机的可靠性、安全性和稳定性。

在水力设计方面，主要技术难点是随着其发电机组尺寸和容量的不断增大，机组振动问题影响到了其安全运行，在这种情况下，要使得空化系数（旧称汽蚀系数，表示水轮机转轮的空化特性，系数大，表示发生空蚀的危险性大。）满足要求，能量得到优化，同时要进行水轮机宽稳定安全运行范围的水力设计。**在水力稳定性研究方面，**主要技术难点是计算流体动力（Computational Fluid Dynamics，CFD）数值预测，模型预测和原型机实测等，亟须开展叶片进口正、背面脱流和卡门涡对稳定性的影响研究，不同空化系数对压力脉动影响研究，空化系数预测分析及测试技术研究，导叶小开度稳定性研究等。**在发电机电磁设计和优化方面，**电机是一种旋转的电磁装置，电磁装置在电和磁方面是以场的形式分布。以前受技术发展水平的局限，电机的设计主要关注电机本体的性能和结构，只考虑电机稳定运行的要求。到了 20 世纪 90 年代，开始逐渐将电磁场数值技术引入到电机设计分析领域，结合数值技术从电磁场的角度进行电机的性能计算。这种技术的应用，不仅使水轮发电机组的稳态性能设计更加准确，同时也提高了其在故障情况下的抗冲击能力。主要的技术难点包括大型发电机电磁参数优选，电磁参数对机网协调影响研究，端部磁场与结构件涡流损耗研究，磁极极靴结构优化设计等。**在冷却技术研究方面**，冷却技术是混流式水轮发电机组设计的关键，其冷却方式包括定子水内冷冷却、蒸发冷却、全空气冷却三种方式。主要的技术难点是分析不同冷却技术的可靠性和经济性。**在推力轴承技术研究方面**，推力轴承对水轮发电机组安全稳定运行有着重要意义，主要难点是推力轴承的热弹流设计和不同支撑结构的研究。

1.3.2　大型冲击式水轮发电机组

冲击式水轮机是利用喷嘴射出的高速射流作用于转轮斗叶，使动转轮旋转运动，进而将水能转换为机械能。冲击式水轮机主要有以下几个特点：一是喷嘴的作用极为重要，其作用相当于反击式水轮机的导水结构，主要是用于引导水流、调节流量及将液体机械能转变为射流动能；二是冲击式水轮机中无须设置密封流道；三是冲击式水轮机不需要尾水管；四是冲击式水轮机的转轮是在空气中运行❶。冲击式水轮机具有结构简单、易于维修、适用水头高等特点，适用于河川上游、山区等水头高、流量小的地区。综合考虑政治、交通、生态、地质、水文、建设成本等多方因素，大型冲击式水轮发电机组将在高原山区等落差大、不适宜建设水坝的工程中得到广泛应用。

冲击式水轮机的关键技术主要是喷管结构优化与材料选配，调速系统运行控制和水轮机转轮制造技术等。

在喷管结构优化与材料选配方面，喷管是冲击式水轮机控制机组出力的核心部件，其结构设计成功与否直接关系到整个发电机组能否稳定、安全和高效地运行。目前，大型机组的喷嘴设计采用直流喷管形式，喷管优化设计的难点，一是喷嘴和导流叶栅设计，通过对喷管设计的优化减少水流能量在喷管内的损

---

❶ 李爱民.贯流式水轮机与冲击式水轮机特点分析点评.《水电站动力设备》[J].水利水电技术，2019，50（12）：209.

失，提高水能转化效率。二是提高喷管的金属力学性能，增加喷管的抗磨损能力。**在调速系统运行控制方面**，冲击式水轮机除了有正常调节流量的喷嘴外（喷嘴正常调节速度较慢），还设置有折向器（偏流板）。机组在甩负荷时，折向器快速切断水流，解决引水系统水锤压力和机组转速升高的问题 ❶。冲击式水轮机采用折向器和喷嘴双重调节机构，具体包括折向器控制、喷嘴控制、机组启动时喷嘴数及动作方式的选择、机组带负荷时喷嘴数的选择及切换等。当折向器切断射流或喷嘴完全关闭时，由于机组的阻力矩小，机组转速升至最高瞬态转速后缓慢减速，达到稳定转速的调节时间较长，需要突破大型多喷嘴冲击式水轮机的调速系统运行控制策略问题。**在水轮机转轮制造方面**，转轮是水力发电设备的核心部件，其制造水平的高低直接决定水力发电的效率。实现大型转轮铸造，提高转轮强度是大型冲击式水轮机的关键，由于承受交变应力，可能导致转轮在水斗根部产生裂纹，严重时甚至可能引起水斗断裂，砸坏转轮周边设施，造成机组报废。

1.3.3 变频调速抽水蓄能机组

传统可逆式水轮机在抽水工况下无法改变机组频率和功率，极大限制了抽蓄的调节范围和调节精度。变频调速可逆式水轮机组通过转子侧变频器可以控制转子励磁电流的幅值、频率及相位角，达到独立调节其转速、有功功率和无功功率的目的，具有传统可逆式水轮机无法比拟的优越性，可有效地解决蓄能电站水头／扬程变幅大的问题，既提高了机组的效率，又可以对电网起到稳频、稳压的作用。随着大功率电力电子器件、拓扑和控制技术的迅速发展，变频调速技术的应用将成为大型抽水蓄能电站的发展方向 ❷。

变频调速抽蓄机组的关键技术主要包括可逆式水轮机水力设计，电机电磁设计与结构研究，通风冷却技术，推力轴承制造和变频器控制等。

在可逆式水轮机水力设计方面，技术难点是对高水头大容量可逆式水轮机通流部件进行水力设计和精确的数值计算分析。**在机组稳定性方面**，机组不稳

❶ 潘熙和，聂伟，程玉婷，等.特大型多喷嘴冲击式水轮机调速系统研究[J].长江科学院院报，2019，36（06）：146-152.
❷ 刘文进.大型变转速抽水蓄能发电电动机核心技术综述[J].上海电气技术，2012，05（3）.

定运行带来的振动将加速部件的疲劳，缩短使用寿命。与常规水轮机相比，抽蓄机组的稳定性问题难点在于水泵工况的驼峰区稳定性问题，水泵工况低扬程时的稳定性问题以及水泵工况启动过程的稳定性问题等。**在电机电磁设计与结构研究方面**，由于抽水蓄能机组的运行工况较多，在抽水时运行在电动机状态，在放水时运行在发电机状态，技术难点是研究不同工况下的快速切换技术，发电机结构分析与研究，阻尼绕组优化，启动方式以及不同工况切换之间的瞬态过程研究等。抽蓄机组的电机转速变化范围大，而且涉及正、反转运行，交变应力易引起转动部件疲劳，因此电机的结构设计，尤其是集电系统和转子的设计是技术难点。**在通风冷却系统研究方面**，与常规水轮发电相比，大容量抽蓄发电机的铁芯长、直径小、磁极之间的空间往往难以满足所需的通风截面，需要研究更高效的冷却方式。**在推力轴承研究方面**，抽蓄机组的电机最大特点是支撑结构要适合双向旋转，普遍采用中心支撑机构，中心支撑推力轴承的承载能力相比偏心支撑推力轴承低，因此，研发和制造重载双向推力轴承是技术难点。**在变频器控制方面**，变频器通常采用 PID 控制，由于变频调速机组工况较多，控制目标和控制维度增加，科学合理的变频器控制参数设计方法是实现机组变频调速的技术难点。

1.4 经济性分析

1.4.1 成本构成

从全寿命周期的视角来看，水电项目的度电成本主要取决于资源特性、初始投资、运维成本和金融成本。其中，初始投资的构成最为复杂，包括设备及安装成本、建设成本、并网成本、土地成本等。设备及安装成本主要指水轮机、发电机等设备采购及安装费用；建设成本除了建筑费用外（大坝、隧洞、厂房等），还包括设计费用、前期费用、工程监理费用、环境保护和水土保持工程费用；并网成本包括输电线路及变压器等相关费用；土地成本包括土地租赁费用和移民安置费用等。与其他清洁能源不同的是，水电项目的环境保护和水土保持工程费用较高，如果大坝造成淹没，还会产生移民安置补偿费用。水电项目虽然初始投资较大，但是具有运行维护成本低和寿命周期长的特点。水电厂的运维成本通常约占项目总成本的2.5%[1]，具有较强的成本竞争力。金融成本受贷款利率等因素影响，不同项目差异较大。**从是否受技术水平影响的视角看**，电站的总成本可分为技术成本和非技术成本两类。其中，**技术成本**包括设备及安装成本、建设成本以及运维成本。**非技术成本**指通过政策或规定的调整可能发生变化的成本，包括并网费用、土地费用、前期费用、融资成本等，如表1.2所示。

表 1.2　水电站经济性影响因素

分类		影响因素
技术参数		利用小时数、项目年限
初始投资	设备及安装成本	水轮机、发电机、二次设备、电缆
	建设成本	建筑费用（大坝、隧洞、厂房）、设计费用、工程监理费用、前期费用、环境保护和水土保持工程费用
	并网成本	输电线路、变压器
	土地成本	土地租赁费用、移民安置费用
金融成本		融资成本（贷款利率）
运维成本		配件费用、修理费用、管理费用、工资等
政策条件		税费、收购电价、上网电价、补贴等优惠政策

　　水电开发形式多样，不同项目受资源、地形、地质、水文气象等自然条件的限制明显，建设条件差异大、单件性强，并且项目前期投资规模大、建设周期长、协作部门多，导致了水电工程项目成本构成的独特性和复杂性。不同开发形式、建设时间和选址地点等因素不同，都会造成成本水平及构成比例有所不同。对于小水电（一般指装机容量小于50MW）以及低水头和溢流式开发的水电项目，机电设备和建筑工程成本所占比例通常较高；对于大型水库式水电站，建筑工程占项目总成本的主要部分，甚至可以占到80%[2]。与建筑工程相关的成本支出取决于水电项目类型、劳动力成本、水泥和钢材的市场价格等因素，而这些因素与国家和地区的宏观经济环境和市场环境息息相关，因此随地区和时间的波动性强、不确定性高。相比之下，由于水电技术相对成熟，各国水轮发电机组设备的成本紧跟世界市场价格，相对比较稳定。

---

[1] International Hydropower Association. 2018 hydropower status report: sector trends and insights[R]. London: IHA, 2018.

[2] International Energy Agency. Hydropower technology roadmap[R]. Paris: IEA, 2012.

报告基于全球水电工程数据库，从 7034 个全球水电工程样本中，经过样本筛选和数据处理，最终对 2000—2018 年共 253 个全球水电项目进行了统计分析。水电项目的工程特征和投资数据主要来源于全球能源观察（Global Energy Oberservatory，GEO）官网数据库以及参与清洁能源发展机制的水电项目设计文件（Project Design Document，PDD），同时国外的水电项目参考了维基百科的数据、政府部门发布的官方数据以及相关国际组织发布的研究报告等 [1]；国内水电项目参考了国家能源局大坝安全监察中心官网和相关政府网站的数据。根据统计资料，2010—2018 年全球水电平均初始投资如图 1.13 所示，水电项目初始投资水平存在以下四个特点。

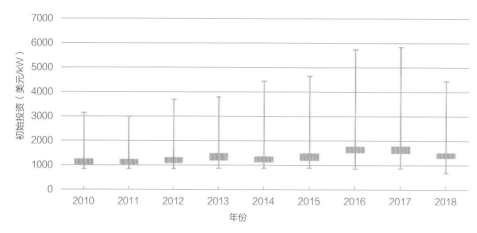

图 1.13　全球水电项目平均初始投资

一是平均初始投资较低，2010—2018 年，全球水电项目平均初始投资在 1000～3000 美元 /kW 范围内，变动幅度不大。部分小水电项目成本可接近 5000 美元 /kW，而多数小水电项目成本在 2000 美元 /kW 左右；大型水电由于存在明显的规模效益，与其他清洁能源发电项目相比，初始投资处于较低水平。

二是单个水电项目差别较大，由于水电项目单件性强，每个项目都是针对特定流域内的选定地点进行分别设计，水电平均初始投资与项目的所在国家或地区以及具体选址关系密切，同一年份的水电初始投资上下限差别很大。以中国为例，2018 年，中国投产的新增装机容量为 8.54GW，约占全球新增装机容

[1] International Renewable Energy Agency. Renewable power generation costs in 2018 [R]. Abu Dhabi: IRENA, 2019.

量的 40%，由于中国水电平均装机成本比全球平均水平低 10%～20%，导致 2018 年全球水电平均初始投资水平明显同比下降。

三是水电平均初始投资呈现上升趋势。 除 2011 年和 2014 年略有下降外，全球水电项目平均初始投资水平一直处于上升通道。通过调研分析，一方面是因为近年来水电开发的环保问题引起各方重视，移民安置、环境保护与水土保持措施投资逐渐增加；另一方面是因为水电项目开发一般是按照"先易后难"的顺序，后期开发的水电项目选址更为偏僻，地质条件相对较差，距离现有的公路、电网等基础设施更远，增加了施工建设、电网接入和交通运输等各方面成本，这些因素的综合作用推高了水电的初始投资水平。

四是未来成本发展趋势不明朗。 2018 年，全球水电项目平均初始投资下降幅度较大，但这是否意味着未来会继续下降，还有待进一步观察研究。未来水电初始投资的变化趋势主要取决于不同地区的水电开发规划，以及建设工程技术和水轮发电机组制造技术的创新突破。

1.4.2 度电成本

根据国际可再生能源署的统计数据，如图 1.14 所示，2010 年至 2018 年全球水电平均度电成本大致在 4～6 美分 /kWh 的范围波动。

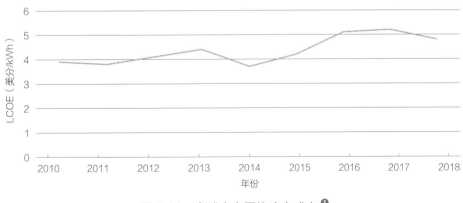

图 1.14 全球水电平均度电成本 ❶

---

❶ International Renewable Energy Agency. Renewable power generation costs in 2018 [R]. Abu Dhabi：IRENA，2019.

当前，相比风、光等其他可再生能源发电技术，水力发电技术较为成熟，具有一定的经济性优势。但从度电成本的变化趋势来看，水电度电成本下降的潜力不大。不同时期、不同地区的水电项目度电成本差异也较为明显。

1.5 发展前景

1.5.1 技术研判

1.5.1.1 技术发展趋势

1. 混流式水轮发电机组

目前，已投运的混流式机组最大单机容量已达到 770MW，在建的中国白鹤滩水电站将采用单机容量 1GW 的混流式机组；可适应的最高水头达 600m 左右。未来大型混流式水轮发电机组还将继续向大容量、高水头、宽稳定运行范围方向发展。

本报告采用基于技术成熟度等级（Technology Readiness Level，TRL）的评估方法，分析未来不同单机容量混流式机组的成熟水平，具体方法见附录 1。

影响混流式水轮发电机组技术成熟的关键评价指标包含：水力设计、水利稳定性研究、发电机电磁设计和优化、冷却技术和推力轴承技术等。混流式水轮机组技术成熟度如图 1.15 所示。预计到 2035 年，单机容量 1.2GW 的混流式机组技术具备工程实用水平；到 2050 年，单机容量 1.5GW 的混流式机组具备工程实用水平。

基于技术成熟度评估结果，选取技术成熟度能够达到工程应用标准（TRL=9）的最高指标，作为该项特定关键技术在预测水平年（2035/2050）的技术发展目标。预计到 2035 年，混流式机组实现单机容量 1.2GW，最高水头达到 700m；到 2050 年实现单机容量 1.5GW，最高水头达到 800m。

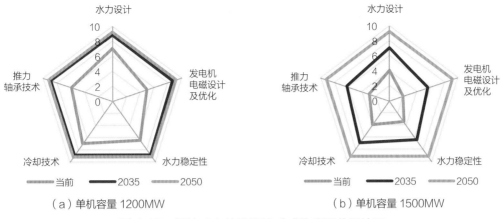

（a）单机容量 1200MW　　　　　（b）单机容量 1500MW

图 1.15　混流式水轮机组技术成熟度评估雷达图

2. 冲击式水轮机

目前，世界最大的冲击式水轮发电机组单机容量达到 423.13MW，采用 5 喷嘴设计，最高水头可达 1869m，额定转速为 428.6r/min，应用于瑞士 Bieudron 水电站。冲击式水轮机的关键评价指标包含：喷管结构优化、喷嘴材料选配、调速系统运行控制、水轮机转轮制造技术和冷却技术等。冲击式水轮机组技术成熟度如图 1.16 所示。

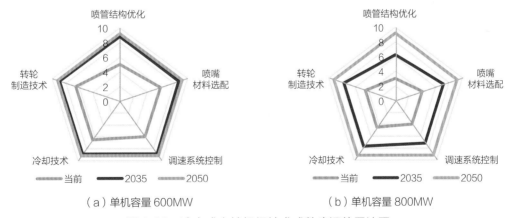

（a）单机容量 600MW　　　　　（b）单机容量 800MW

图 1.16　冲击式水轮机组技术成熟度评估雷达图

未来大型冲击式水轮发电机组的发展趋势是大容量、高水头、多喷嘴，预计到 2035 年，单机容量 600MW 的冲击式机组趋于成熟，最高水头达到 2000m，喷嘴数目达到 7 个；到 2050 年实现单机容量 800MW，最高水头达到 2200m，喷嘴数目达到 8 个。

3. 变频调速抽蓄机组

目前，单机容量最大的可逆式水轮机组的容量是 480MW，转速是 500r/min，应用于日本神流川抽蓄电站。扬程最高的可逆式水轮机组的最高扬程达 778m，转速是 500r/min，应用于日本葛野川抽蓄电站❶。变频调速可逆式水轮机组的关键评价指标包含：可逆式水轮机水力设计，电机电磁设计与结构研究，通风冷却技术，推力轴承制造和变频器控制等。变频调速抽蓄机组技术成熟度如图 1.17 所示。未来可逆式水轮机组的发展趋势是大容量、高扬程、高转速。预计到 2035 年，机组单机容量达到 550MW，最高扬程达到 900m，转速达到 600r/min；到 2050 年实现单机容量 750MW，最高扬程达到 1000m，转速达到 700r/min。

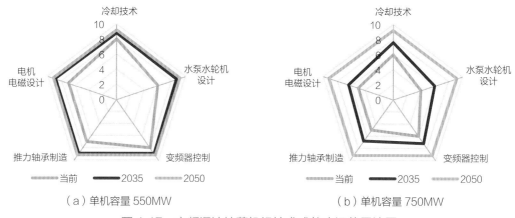

（a）单机容量 550MW   （b）单机容量 750MW

图 1.17　变频调速抽蓄机组技术成熟度评估雷达图

1.5.1.2　攻关方向

1. 大型混流式水轮机

在水力设计方面，重点研发方向包括研究水轮机设计模型的试验方法，研究大型机组现场测试技术和提升 CFD 分析软件能力，例如数值分析的精度、准确度，满足更高技术条件水能资源开发的需要，提高大型混流式水轮机的研发效率。**在水力稳定性研究方面**，重点研发方向包括提高导叶极小开度时机组稳定性、研究过渡过程稳定性及空化系数控制方法、提高高水头满负荷或超负荷运行的稳定性和研究机组机械稳定性的提升方法等。**在电磁设计与结构优化方**

---

❶ 阳春树 . 超高水头抽水蓄能机组选型与水力稳定性研究 [D].

面，攻关方向包括改善大型水轮发电及电磁优化设计方法，提高发电机局部损耗和发热的控制水平，研究发电机机端部绕组及相关结构件的电动力问题，提高发电机阻尼绕组的最佳设计水平，研究电磁参数及机网协调技术，研究发电机瞬态运行性能。**在冷却技术方面**，攻关方向包括研究机组极限容量与冷却方式，优化发电机转子强迫空冷结构和通风计算方法，研究蒸发冷却发电机冷却系统汽液流态及发电机绕组温度分布规律，研究巨型混流式水轮发电机组全空气冷却技术。**在推力轴承技术方面**，攻关方向包括提高推力轴承的设计和制造水平，设计高速、重载推力轴承，研究新型材料推力轴承应用和轴承密封技术，研究小支柱双层巴氏合金瓦推力轴承和弹性油箱塑料瓦推力轴承。

2. 大型冲击式水轮机

在喷管结构优化与材料选配方面，攻关方向包括采用 CFD 软件进行精确数值模拟分析，通过合理的边界选取和网格划分对喷管内的流场进行计算，确定损失最小的喷管设计方案；研究提高喷嘴抗腐蚀性能的方法，研究表面抗磨强化处理、热喷涂、激光喷涂等表面硬化处理技术等。**在调速系统运行控制方面**，重点研究完善特大型多喷嘴冲击式水轮机调速系统，缩短机组从甩负荷到转速稳定的调节时间，提高机组运行性能和控制水平；应用现代控制理论、可编程计算机技术和现代液压技术，提高调速系统控制控制水平，提高运行维护的操作便利性，提高机组运行可靠性。**在水轮机转轮制造方面**，攻关方向包括提高大型冲击式转轮毛坯整锻技术，提高铸造工艺水平，确保成形零件的质量；提高冲击式水轮机数控加工技术，研发高性能材料，锻造耐腐蚀和耐疲劳的转轮毛坯，提高加工过程的数字化控制水平；选取抗疲劳、抗裂纹、抗裂纹扩展的优质材料，获得疲劳性能优良的转轮；在水斗与圆盘焊接时，采用高焊技术、增量焊接技术，解决复杂结构零件的成形问题，减少加工工序，提高工艺质量。

3. 变频调速抽水蓄能机组

在可逆式水轮机水力设计方面，攻关方向包括开展高精度的模型试验和测试，研究过渡过程的数值模拟方法，研究高精度湍流模型等，采集有效的信息指导水力设计等。**在机组稳定性方面**，攻关方向包括开展水泵工况的"驼峰"区研究，水轮机启动并网工况附近的"S"不稳定区研究以及工况转换过渡过程研究等。**在电机电磁设计与结构研究方面**，攻关方向包括开展电机不同工况下的励磁系统研究，阻尼绕组的优化设计，研究端部损耗及电磁力变化，提高机组低励磁与进相能力，采用断裂力学理论和疲劳应力有限元分析等方法提高 DFIG 转动部件疲劳性分析的精确度等。**在冷却系统研究方面，**攻关方向包括开展大容量、高槽电流电机的蒸发冷却技术研究，大容量、双转向电机的通风冷却技术研究，高效能空冷技术研究等。**在推力轴承研究方面，**攻关方向包括开展高速重载双向推力轴承润滑参数、摩擦损耗和搅拌损耗分析和试验，轴瓦、推力头、境板、支撑部件热变形和弹力变形控制技术研究，推力轴承高压油顶起设计技术研究，支撑部件、轴瓦材料、轴承关键部件材料及工艺研究等。**在变频调速控制方面，**深入研究励磁回路参数匹配，完善控制理论和方法，深入研究 DFIG 励磁系统和水轮机 PID 调速系统、微机调速系统的协调控制，以及 DFIG 并网机组与传统同步发电机组的协调运行等问题。

1.5.2　经济性研判

1.5.2.1　初始投资预测

按照投资性质，水电项目初始投资可分为技术成本和非技术成本两大类。**技术成本中，**水轮发电机组制造技术相对成熟，不同项目的设备成本基本取决于全球市场价格，除非有重大的技术创新突破，设备成本将保持比较稳定的趋势；安装成本和建设成本与水电项目开发类型、人员工资、水泥和钢材的市场价格等因素密切相关，这些因素受项目所在地区当时的宏观经济环境和市场环境影响，因此安装和建设成本随地区和时间的变化较大。**非技术成本**与项目建设的地区和具体选址关系密切，不确定性更强。例如项目前期费用、征地费用主要取决于建设地区的政府政策以及当地民众的接受意愿。由于水电工程整体投资额巨大，贷款比例高且偿还周期长，所以水电项目融资成本对于宏观经济环境的变化比较敏感，如银行贷款利率。

报告结合基于技术成熟度分析的"多元线性回归＋学习曲线拟合"法和基于"深度自学习神经元网络"算法的关联度分析和预测两种方法，建立**二元综合评估模型（RL-BPNN）**，将技术类投资和非技术类投资进行解耦分析，结合对水电发展趋势的技术研判结果，对未来水电初始投资水平进行预测，方法详见附录 2。

水电站建筑技术和机组制造技术已经较为成熟，预计未来技术成本变化不大，因此水电项目投资水平的总体区间随时间推移的变化并不显著。水电工程单件性强，随开发形式、建设具体地点和资源条件各异，不同水电项目的非技术成本水平相差较大，预测得到的水电项目初始投资的上下限范围较大，如图1.18 所示。

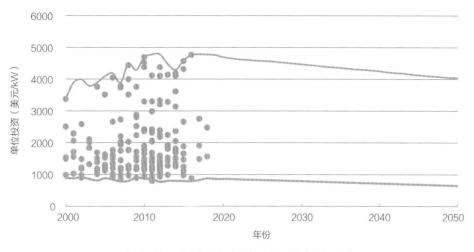

图 1.18　全球水电项目投资趋势预测结果

图 1.18 中 2020 年之前的数据点代表了线性回归和用于神经元网络训练的历史数据，生成的预测包络线是对未来项目投资估算结果的可能范围。

1.5.2.2　度电成本预测

综合考虑影响水电度电成本的宏观经济状况和前期投融资模式、技术水平和设备性能参数、运营和维护成本以及容量因数等技术和非技术因素，本报告对于全球水电 2020—2050 年的度电成本变化趋势进行了预测。

水电工程建设、设备制造和运行维护的技术相对成熟，大部分易于开发、经济指标好的水能资源已经开发，所以未来新建水电的度电成本下降幅度不大。分区域来看，亚洲、非洲，尤其是中国和刚果（金），大量在建和规划开发的优质水电项目建成投产，在一定程度上将拉低全球水电的平均度电成本。可能降低全球水电度电成本的主要因素集中在以下几个方面：**一是**相关部门简政放权，提高效率，精简水电站规划、审批、许可程序；**二是**广泛实施技术经济分析，并推广水电项目建设运行的经验；**三是**实现建筑工程技术的创新突破，如高寒、高海波地区的坝工技术；**四是**研发更加经济实用的建造材料，如用新材料替代钢材制造压力管道；**五是**提高水电站智能化运行水平，运用自动化和远程监控系统，优化维修计划，减少运行成本；**六是**研究与开发环保型水轮机，提高水轮发电机组性能等。

根据 2010—2018 年水电度电成本最大值的变化趋势，可以预见未来水电度电成本可能处于上升通道。全球水电可能增加度电成本因素主要集中以下几个方面：**一是**由于水电开发建设的环保问题愈加受到重视，近些年来单位装机移民安置、环境保护与水土保持措施投资逐渐增加。**二是**经济性较好的水能资源已经开发，未来建设的水电项目可能面临更具挑战性的地质条件和减少调节，而且远离现有的基础设施，导致主体建筑工程、进场道路等施工辅助工程成本以及接网成本等都会有较大提高。**三是**由于水电项目初期投资大，水电站的资产负债率一般较高，水电项目的度电成本也会受到未来宏观经济环境的影响，如果贷款利率提高，水电站的运行将会面临较大的财务压力。

结合基于 RL-BPNN 二元综合评估模型对水电初始投资水平的预测结果，报告采用水力发电度电成本计算方法，详见附录 3。综合考虑以下影响水电度电成本的因素，包括水能资源条件、工程枢纽投资、移民环保投资等，再根据 2010—2018 年全球水电度电成本平均值的变化趋势进行回归分析修正，对全球水电平均度电成本进行预测。

预计未来水电的平均度电成本可能会有小幅波动，但总体上基本稳定在 4～6 美分 /kWh 的范围内，如图 1.19 所示。项目个性化特性愈加显著，度电成本范围将有所增大，从当前的 3.5～14 美分 /kWh，扩大到 2.5～16 美分 /kWh。在部分资源条件好，政策支持力度高的地区，水电项目度电成本将更具优势，如刚果河大英加项目，度电成本预计低至 3～3.5 美分 /kWh。

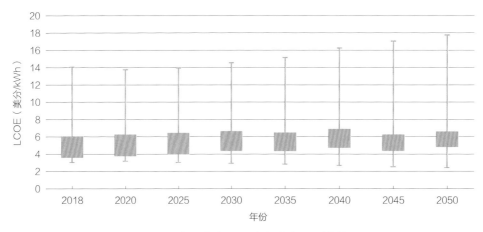

图 1.19　全球水电项目度电成本预测趋势图

2

风力发电技术

风力发电技术是通过风力发电机把风的动能转化为电能的技术。目前，风力发电是最成熟、开发规模最大和极具商业化发展潜力的可再生能源发电技术，也是应对资源紧缺、环境污染、气候变化，实现清洁替代的关键技术之一。

2.1 技术现状

2.1.1 技术概况

2.1.1.1 风力发电发展历史

人类对风能的利用最早可追溯到三千年前，主要利用风能带动帆船航行，后来又制造出风车等设备，利用风能来碾米、提水、灌溉等。数千年来，风能利用技术发展缓慢，风力发电技术更是只有不到两百年的历史。1887—1888 年，美国的查尔斯·F·布鲁斯（Charles. F. Brush）安装了世界第一台的风力发电机，功率仅有 12kW。1897 年，丹麦工程师波拉库尔（Poulla Cour）（现代空气动力学的鼻祖）发明了两台实验风力机，安装在丹麦阿斯科福克（Askov Folk）高中。在二次世界大战期间（1939 年至 1945 年），丹麦施密特（F.L.Smidth，现在是水泥机械制造商）工程公司安装了一批两叶片和三叶片的风机，其中，1942 年，该公司在波波（Bobo）岛安装了三叶片施密特（F.L.Smidth）风机。

1930 年至 1960 年，丹麦、美国等欧美国家开始研发更大功率的风力发电机。1956—1957 年，丹麦工程师约翰内斯·尤尔（Johannes Juul）为塞斯（SEAS）电力公司设计了创新的 200kW 盖瑟（Gedser）风力发电机，风机安装在丹麦南部海岸，这种三叶片，上风向，带有机械偏航和异步电机的设计方式是现代风力发电的先驱。20 世纪 70 年代早期，随着石油能源危机的出现，在常规能源告急和全球生态环境恶化的双重压力下，风能作为一种无污染和可再生的新能源重新得到人们的关注。在丹麦，电力公司把目标放在制造大型风力发电机上，德国、瑞典、英国和美国也紧跟其后。1979 年，丹麦安装了两台 630kW 风力发电机，一台采用桨矩控制，另一台采用失速控制技术，风力发电技术取得明显进步。

20世纪最后十年，全球的风电装机容量几乎每三年翻一番，先后出现了尼格麦康（NEG Micon）1.5MW、维斯塔斯（Vestas）1.5MW、恩德（Nordex）2.5MW、通用电气（GE）3.6MW、瑞能（Repower）5MW等极具代表性的风机，风力发电成本比80年代初下降了大约1/6❶。1991年，丹麦建成第一个海上风电场（Vindeby），共安装11台风电机组，单机容量450kW。2008年以后，海上风电开始在全球范围内快速发展。单机容量变化趋势如图2.1所示。

经过一个多世纪的发展，风力发电技术日臻成熟并得到广泛应用，风电开发已从小型陆上风电场向适应各种复杂环境下的陆上和海上规模化开发转变。风力发电发展史如图2.2所示。风力发电具有清洁、可再生、建设周期短、装机规模灵活等优越性。

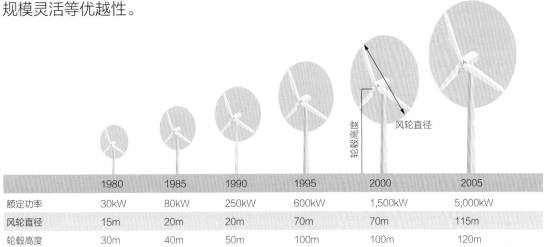

	1980	1985	1990	1995	2000	2005
额定功率	30kW	80kW	250kW	600kW	1,500kW	5,000kW
风轮直径	15m	20m	20m	70m	70m	115m
轮毂高度	30m	40m	50m	100m	100m	120m

图 2.1　风力发电单机容量变化趋势

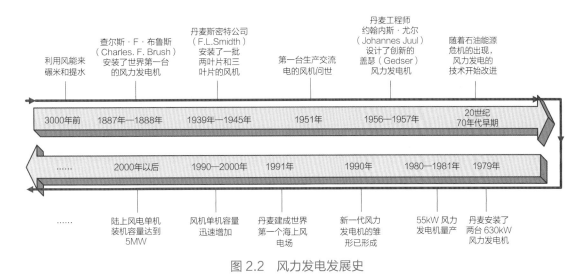

图 2.2　风力发电发展史

❶ 马晓爽、高日，陈慧.风力发电发展简史及各类型风力机比较概述[J].应用能源技术，2007，（9）.

2.1.1.2　风电机组结构

风力发电机的工作原理是风轮在风力的作用下旋转，把风的动能转变为机械能，驱动发电机再将机械能转化为电能。

风力发电机组主要由叶片、轮毂、齿轮箱、机仓、塔架、基座（基础）和变电箱组成，其中机仓内部有发电机、变频器、测风系统、偏航电机、变桨系统等，如图2.3所示。

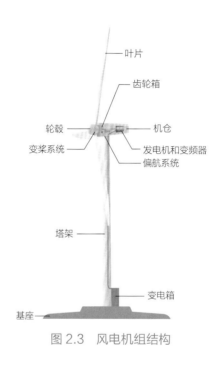

图 2.3　风电机组结构

风轮是捕获风能量的关键部件，由叶片和轮毂组成，轮毂中装有变桨系统。

机仓包括齿轮箱、发电机、变流器、偏航系统、风速风向仪等。发电机将风轮的机械能转换为电能，变流器一方面控制转子转速实现最大功率追踪，另一方面将电能转换为 50Hz 的三相交流电，实现并网。

塔架为钢结构锥形筒体。里面有上下通道及工作平台等。基础为钢筋混凝土结构，预埋基础环，与塔架用高强度螺栓连接，牢牢固定风力发电机组，基础中设置接地系统。

偏航系统一般包括感应风向的风向标、偏航电机、偏航行星齿轮减速器、偏航制动器（偏航阻尼或偏航卡钳）、回转体大齿轮等。其工作原理是：当风向变化时，位于风轮后面两舵轮（其旋转平面与风轮旋转平面相垂直）旋转，并通过一套齿轮传动系统使风轮偏转，当风轮重新对准风向后，舵轮停止转动，对风过程结束。

变桨系统主要包括驱动电机、齿轮箱和变桨轴承。通过在叶片和轮毂之间安装的变桨驱动电机，带动回转轴承转动，从而改变叶片迎角，由此控制叶片的升力，以达到控制作用在叶片上的扭矩和功率的目的。在风速小于额定风速时，通过调整叶片角度，实现最大功率追踪；当风速大于额定风速时，调节叶片角度，控制风机的速度和功率维持在最优的水平。

2.1.1.3 风电机组分类

风力发电机组有多种类型，分类方法也不尽相同。根据风机安装的位置，可以分为陆上风电和海上风电；按照风轮方向可分为水平轴和垂直轴，水平轴风机具有风能利用率高，振动小等优点；按照叶片数目分有单叶片、两叶片、三叶片和多叶片，其中三叶片风机额定转速和经济性适中；按照桨叶调节方式可分为定桨距（主动失速）风机和变桨距风机，变桨距风机调节范围大，性能好，多用于大型风机；按照叶轮转速可分为定速风机和变速风机，其中变速风机机械应力和功率波动小。目前，三叶片水平轴变桨变速风机是技术发展的主流。

根据 IEC 61400-27 标准，风电机组按照发电机类型分为四类，分别是定速风电机组、可调转子电阻风电机组、双馈异步风电机组（Doubly Fed Induction Generator，DFIG）和全功率变频风电机组。**恒速风电机组**没有桨距控制系统，电机通常采用鼠笼式异步电机，需要从电网吸收无功励磁，因此机端会并联电容器补偿无功。**可调转子变速风电机组**的转子接可变电阻，通过调节电阻改变滑差，从而实现变速调节。**双馈风电机组**是可以变速运行的风电机组，其双馈发电机的转子通过背靠背变频器接入电网，变频器功率较小，经济性高。**全功率变频风电机组**通常采用永磁直驱同步电机（Permanent Magnetic Synchronous Generator，PMSG），风机与发电机之间不需要齿轮箱，永磁同步发电机的定子通过全功率变流器接入电网，实现了与电网的解耦。不同类型风机的原理如图 2.4 所示，详细比较见表 2.1。

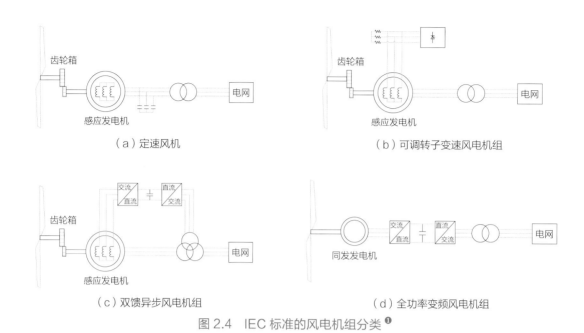

图 2.4　IEC 标准的风电机组分类 ❶

表 2.1　IEC 标准四类风力发电机组比较

	发电系统	调速范围	成本	效率	优点
定速定频	异步机感应电机	定速	低	低	结构简单，坚固耐用，便于维护，适用于各种恶劣的工况条件
变速定频	可变滑差笼型电机	窄	高	较低	结构简单，坚固耐用，易于维护，适宜恶劣的工作环境
	双馈异步电机	较宽	较低	较高	变换器容量小，功率因素可调，控制灵活，体积小
	永磁直驱同步电机	宽	低	高	无励磁装置，转子结构简单，传动损耗小，控制灵活，可靠性高，功率密度大，维护成本低

❶ Björn Andresen. Overview, status and outline of the new IEC 61400-27-Electrical simulation models for wind power generation[C]// International Workshop on Large-scale Integration of Wind Power Into Power Systems As Well As on Transmission Networks of Offshore Wind Power Plants. 2011.

2.1.1.4　海上风电

陆上风电资源评估、前期选址、建设施工相对简单，但建立大型风电场占地较多。海上风电资源更好，不占用土地，未来具有较好的发展潜力，但是海上环境复杂，海水侵蚀性大，海上风机的吊装、变电站平台建设和风电场运行维护都比陆上风电场困难。

1．风资源

与陆上风资源相比，海上风资源具有平均风速高、湍流强度小、主导风向稳定等优点。离岸 10km 的平均海上风速比沿岸陆上高约 25%，深海区的风速比近海区更大。风速的提高会极大提高所产生的风能。经测算，6.7m/s 的风速产生的风能是 5.7m/s 风速的两倍。因此，海上风机设备利用效率更高，可开发量更大且出力更加平稳。

2．前期工作

海上风电场的规划需要协调部门多（海洋、海事、军事等）、支持性文件多（海域、通航、海洋环评等），工作周期长，协调难度大，时间成本不可控；海域使用、养殖补偿以及资源保护修复等费用高。常规 30 万 kW 的海上风电项目，海洋生态修复费用约 3000 万元；涉及养殖的场址，渔业补偿费用十分高昂 ❶。

3．风电机组

海上风电机组和陆上风电机组原理相同，目前已有成熟的机型。由于海上风能资源更好，为尽可能减少平台数量，海上风机的单机容量通常更大。在风机运行方面，海上风机所处环境恶劣，对设备及施工的质量、日常运行维护水平的要求更高。

---

❶ 北极星风力发电网 . 海上风电成本构成和价格趋势 [EB/OL]. http：//news.bjx.com.cn/html/20191203/1025508.shtml，2019-12-3.

4. 风机基础

海上风电与陆上风电机组最大的区别是风机基础。海上风电设计考虑的边界条件更多，难度更大；海上施工对船机设备、工程经验的要求高，施工难度大，周期长。一般来说，海上风电基础的造价是陆上风电的十倍左右。

根据基础的形式不同，海上风电可分为固定式和漂浮式。 固定式海上风电需要在海底打桩固定后再构建露出水面的基础以便安装风机，漂浮式风电机组则安装在浮动平台结构上，再由锚泊系统将平台固定在海床上。如图 2.5 所示。

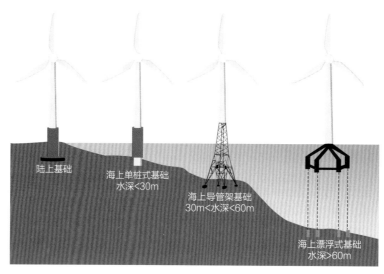

图 2.5　不同类型基础适用的海深

固定式基础分为重力式、单桩式和导管架式，如图 2.6 所示。主要用于水深 60m 以下海域，其中重力式或单桩式结构适用于水深 30m 以下，导管架式基础适用于 30~60m 水深。

重力式结构 装有重力式基底能提供足够的固定载荷，使得整个结构因其自身重量而保持稳定。适用于水深 0~30m 的水深范围。**单桩式结构** 形式简单，是比较常用的支撑结构形式，在水深较深时这种结构的柔性很大，适合于 0~30m 的水深范围。**导管架结构** 桩腿在海底处安装有轴套，地桩通过轴套插到海底一定深度从而使整个结构获得足够的稳定性。适用水深为 30~60m❶。

---

❶ 刘冰冰. 海上风机基础简介 [EB/OL]. http://news.bjx.com.cn/html/20180420/893016.shtml，2018-4-20/2020-5-20.

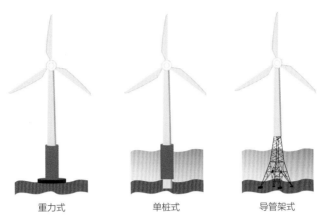

重力式　　　　　　单桩式　　　　　　导管架式

图 2.6　海上风机固定式基础

　　漂浮式基础分为立柱式、半潜式和张立腿式，主要用于水深 60m 以上海域，如图 2.7 所示。漂浮式基础目前还处于示范阶段，没有大规模商业化应用❶。**立柱式基础**吃水比较大而水线面面积很小，可以很好地提高漂浮式风机的整体性能，保证平台的稳定性。然而，其整体长度过大，给制造和安装提出了巨大挑战。**半潜式基础**利用浮筒非常大的水线面面积来保证整机的稳定性，安装方便、稳定性较好、运行可靠，可以适应较深水域。**张力腿式基础**随着水深的增加，建造成本也会急剧升高，不适用于深海区域。

　　不同类型海上风机基础分析见表 2.2。

表 2.2　不同类型海上风机基础分析

基础形式	适用水深	特点	代表工程
重力式	0~25m	结构形式简单、成本较低、受海床影响较小；对地基要求高、施工前需对海床进行处理、受海水冲刷影响大	英国 Blyth 海上风电场
单桩式	0~25m	结构简单、施工快捷、造价相对较低；结构刚度小、固有频率低、受海床冲刷影响大	英国"伦敦阵列"海上风电场
导管架式	30~60m	基础刚度大、承载力较高、稳定性好；结构受力复杂、基础结构易疲劳、消耗钢材量较大、建造和维护成本高	德国阿法·文图斯（Apha Ventus）海上风电场
漂浮式	>60m	简化了海上安装程序，可移动且易拆除、成本相对较低、容易运输；造价较高	苏格兰海温德（Hywind）海上风电场

❶ 陈达 . 海上风电机组基础结构（风力发电工程技术丛书）[M]. 水利水电出版社，2014.

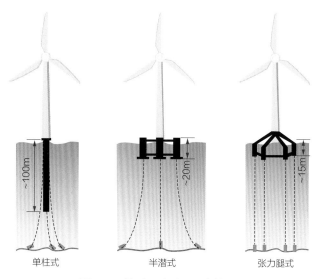

图 2.7　海上风机漂浮式基础

5. 风机安装

海上风机的安装需要专业码头、大型船机设备等。码头租赁费用较高；大型安装船机设备少，费用高；安装环境恶劣，安装窗口期短。

6. 海缆

海上风电场需要安装海底电力电缆接入电网，由于海底环境相对恶劣，对海缆的制作工艺要求高，施工难度较大，后期维护费用也较高。

7. 升压站

海上风电场通常距离陆地较远，需要在风场就地升压后进行外送以减少输电损耗。海上环境复杂，对升压站的空间设计、设备制造、施工安装和运行维护都提出了较高的要求。由于海水具有腐蚀性，海上风电的升压站对防腐要求较高；由于平台空间有限，要求升压站的设计更为紧凑；海上设备维护不便，需要尽量选择高可靠性、免维护的电气设备；升压站基础以及电气设备安装需要使用大型船机设备。综合上述各种特殊要求，海上风电场升压站电气设备的费用明显高于陆上风电场。

8.　运行维护

海上风电场和陆上风电场都需要不定期的维护和检修。海上风电场的可达性差，运维需要专业的运维船；如遇大型设备更换，船机设备租赁费用较高。根据目前中国已建成的海上风电场运维情况来看，海上运维的工作量是陆上风电场的 2~4 倍，运维费用则要超出更多。

2.1.2　关键技术

风力发电关键技术主要涉及四个方面。

一是风力发电机组设备研发。风电机组包含的部件较多，主要有叶片、塔筒、基础、发电机、变流器以及控制系统（偏航系统、变桨系统等）。风机单机技术的发展目标是降低成本、提高可靠性和发电效率。风电大型化在这方面作用明显，大转子直径和高轮毂高度虽然增加了前期投资和单位功率成本，但可增加发电量、降低度电成本，并可更好地利用风资源、减少功率输出的波动性。

二是风电场建设、控制和运维技术。海上风资源丰富，风速较高且波动性小，风电场建设正从陆上转向海上。海上特殊的自然环境（海风、海浪）等对风机的载荷分析、风机部件运输、风机吊装等都提出了新的要求。风电场由多台独立的风电机组组成，每台风电机组的状态和特性都有所不同，因此风电场整体的运维管理和优化控制较为复杂。随着大数据、云计算等技术的发展，风电场运维向着数字化、智能化方向发展，目标是实现风电的优化控制，降低故障率，提高发电能力。

三是网源协调技术。风电是波动性能源，其功率波动对电网的频率和电压都会造成影响。风电通过电力电子器件接入电网，会造成电网转动惯量减少，同时还存在引发次同步谐振的风险；电力电子器件对电网的扰动较为敏感，故障情况下容易造成风电大规模脱网。实现风电场友好并网的关键技术主要包括风电场无功电压控制、虚拟惯量控制、故障穿越、次同步谐振抑制等，发展目标是尽可能减少风电并网对电网安全稳定的影响。

　　四是风电场发电能力精细化建模及系统消纳能力评估技术。在渗透率越来越高、电网越来越复杂的趋势下，最大程度减小发电量及系统消纳能力的不确定性变得尤为重要。具体包括用实测数据对发电量模型进行修正和验证，适应风资源季节性和不同年度的波动与变化；优化微观选址方法，最大程度减小尾流影响；研究多种可再生能源互补以及与储能联合的发电经济性评估方法；研究考虑不同区域互联的更高时间分辨率的系统消纳能力分析模型等。

　　风电机组和风电场关键技术如表 2.3 所示。

表 2.3　风电机组和风电场关键技术

	部件	关键技术
风机本体	叶片	大型化，轻型化，分段式技术，优化设计
	齿轮箱	与主轴、电机的连接方式，固定方式，紧凑型设计，承载能力提升；润滑冷却系统
	塔筒	新型钢材料，涂层，分段式技术
	基础	海上风电漂浮式基础设计，锚栓防腐，减少混凝土和钢筋的工程量，地基土处理方法
	发电机	大型化，轻型化
	变流器	大容量变流器，过流过压保护，智能控制
	偏航系统	整机载荷和硬件约束下达的最优控制，复杂地形和复杂风况下的偏航控制
	变桨系统	变桨齿驱动系统小型化，雷电保护装置，应对电网故障、极端天气的控制策略
	抗冻系统	抗冻材料，物理加热，智能防护
	抗台风技术	合理选址，基础、塔架、叶片的抗台风设计，变桨和偏航系统应对风速突变设计
风电场	建设	陆上转向海上
	协调控制	风机优化排布，场内无功优化，场内损耗优化，继电保护
	运维	智能化和数字化，优化控制，故障排除
网源协调	并网	无功补偿，频率波动，故障穿越，虚拟惯量，次同步谐振，功率预测，风电调度，风电场等值建模，直流并网技术，海上换流站
发电及消纳能力	发电能力	对风电场发电量模型进行修正和验证，最大程度减小尾流影响的优化微观选址方法
	消纳能力	多种可再生能源互补以及与储能联合的发电经济性评估方法；考虑不同区域互联的更高时间分辨率的系统消纳能力分析模型

2.1.3 工程案例

1. 全球最大的陆上风电场

目前，世界在运的陆上风电场装机容量最大的是**甘肃酒泉风电场**项目，截至 2017 年 5 月，装机容量已达 9.15GW。该项目启动于 2008 年，投资总额达 1200 亿人民币。

图 2.8 酒泉风电基地

2. 全球最大的海上风电场

全球装机容量最大的海上风电场是**沃尔尼（Walney）风电场**，位于英国爱尔兰海。该风电场 2017 年 8 月首次发电，2018 年 6 月全部投运。风电场距离英格兰坎布里亚海岸约 19km，**总装机容量 659MW**，由丹麦沃旭能源（Ørsted Energy）公司运营。风电场由 87 台风电机组组成，包括 47 台维斯塔斯 8MW 风机和 40 台西门子歌美飒 7MW 风机。风电场的度电成本约为 20 美分 /kWh，预计到 2022 年可降至 10 美分 /kWh。

图 2.9 沃尔尼海上风电场

3. 全球首个漂浮式海上风电场

2017 年 10 月，全球首个商业级海上漂浮式风力发电场——苏格兰海温德（Hywind）海上风电场项目发电运行。该风电项目于 2015 年底提出，总投资规模 2.1 亿英镑，由阿联酋马斯达尔（占股 25%）和挪威国家石油公司（Statoil，占股 75%）合作开发，共包含 5 台单台 6MW 的风力发电机组，总装机容量 30MW。发电场占用的海域面积 4km^2，距离苏格兰阿伯丁海岸 25km，区域内海面的年平均风速为 10m/s。

海温德（Hywind）风力发电漂浮式平台是一项工程壮举，每个风机重达 1.2 万 t，风机叶片直径为 154m，是空中客车 A380 翼展的近两倍。风机直立高度达 253m，其中，没入水面以下高度为 78m。同时，该风机可抵御超过 20m 的海浪和 40m/s 风速的海风。

2.2 需求与趋势

全球风能资源十分丰富，根据全球能源互联网发展合作组织测算和统计，全球风资源理论蕴藏量约为 2EWh/a，技术可开发量 131.2TW。

全球年平均风速分布如图 2.10 所示。由图可知，赤道地区风速普遍较小，基本处于 3m/s 以下，南北回归线附近是全球风资源丰富的地区，风速处于 6～7m/s。整个欧洲大陆、东亚、中亚、西伯利亚半岛、北非撒哈拉沙漠地区、南非、澳大利亚及新西兰岛屿、南美南部，美国中部等地区的陆上风资源都比较丰富。全球海上风能资源储量丰富，均分布于南北半球西风带海域，向低纬度逐渐递减，除了赤道地区外，大部分区域的风速都能达到 6～7m/s，很多区域风速达到 9m/s 以上。欧洲的北海以及冰岛沿海，美国加拿大的东西海岸、格陵兰岛南端沿海、澳大利亚和新西兰沿海、东北亚地区沿海、加勒比海岛屿沿海，智利和阿根廷沿海、非洲南端沿海的风速都在 9m/s 以上；南美洲中部的东海岸、南亚次大陆沿海及东南亚沿海风速在 6～7m/s 左右；赤道地区的大陆沿海、中美洲西海岸、非洲中部大西洋沿海以及印尼沿海的风资源较差，风速在 5m/s 以下。

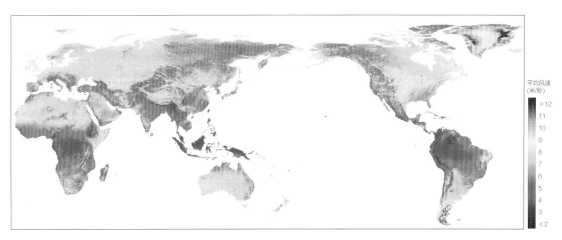

图 2.10 全球年平均风速分布示意图

近年来，全球风电建设蓬勃发展。国际可再生能源协会（IRENA）统计，截至 2018 年年底，全球风电累计装机容量为 587GW（陆上风电 564GW，海上风电 23GW），陆上风电装机容量 2018 年增长率达到 9.5%，海上风电装机容量 2018 年增长率为 23.6%，如图 2.11 和图 2.12 所示。

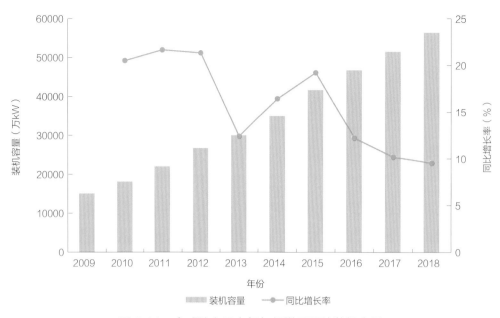

图 2.11 全球陆上风电每年新增及累计装机容量

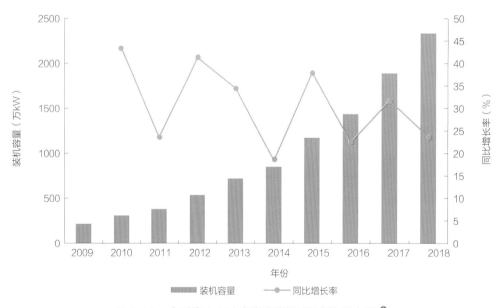

图 2.12 全球海上风电每年新增及累计装机容量 ❶

❶ International Renewable Energy Agency. Renewable capacity statistics 2019[R]. Abu Dhabi: IRENA, 2019.

　　根据《全球能源互联网研究与展望》，预计到 2035 年全球风电装机容量将达到 3.7TW，占总装机容量比例的 23%；到 2050 年，风电装机容量将达到 6.76TW，占比增加至 26%。根据全球风能资源分布，具备大规模开发条件的风电基地主要分布在北极格陵兰岛、萨哈林岛、鄂霍茨克海等地区，以及中国西部北部、欧洲北海、美国中部及阿根廷南部等地区。全球大型风电基地布局如图 2.13 所示。

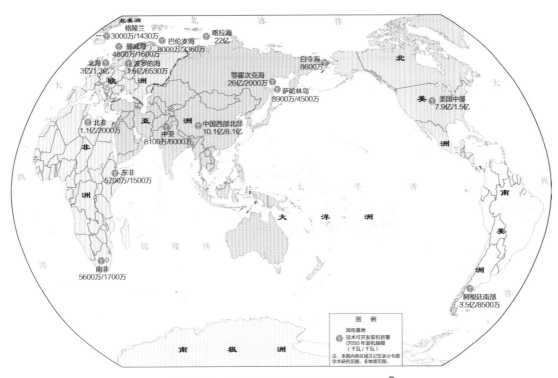

图 2.13　全球大型风电基地布局示意图 ❶

　　随着风能资源的大规模开发，风力发电技术需要在降低度电成本、节约土地占用、实现网源协调等方面取得进一步发展和突破。

　　在降低度电成本方面，风机的大型化和扩大适应风速范围是重要的发展方向。提高风机的风轮直径和轮毂高度，虽然增加了前期投资和单位功率成本，但发电效率也随之提高，可以更好地利用风资源，增加发电量并减小出力的波动性。

❶ 全球能源互联网发展合作组织. 全球能源互联网研究与展望 [R]. 北京：中国电力出版社，2019.

　　同时，风电场总体的安装费用和运维费用也会下降。因此，大型风机的度电成本会更低、更具有经济性。美国彭博社预测了未来影响英国海上风电度电成本的因素，如图 2.14 所示，风机大型化可使度电成本降低 23%，是降低海上风电成本的主要方向。

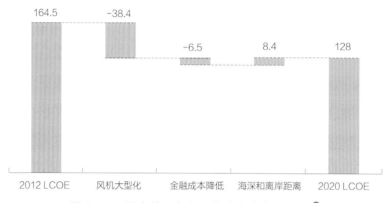

图 2.14　影响英国海上风电度电成本的因素 ❶

　　在**节约土地占用方面**，目前平原地区的大型风电场的单位面积装机容量仅为 5MW/km²，随着陆上风电资源的大规模开发，土地占用问题将越来越突出，特别是在欧洲等发达国家，征地困难且土地使用成本高昂，已经成为制约陆上风电资源开发的主要问题。开发海上风电和极地地区风电可以有效解决土地占用问题，同时，海上和极地地区的平均风速高、波动性小，风资源条件更好。用电负荷中心多分布在沿海地区，为海上风电的消纳创造了良好条件。预计未来海上风电和极地风电开发将逐渐成为热点。海上风机基础、超低温风电机组、场站运维等是未来海上风电、极地风电开发的主要技术难点。

　　在**实现网源协调运行方面**，需要降低风电大规模接入对电网电力电量平衡、频率稳定和电压波动等方面的冲击和影响，提高电网对于风电的接纳能力和电网的安全稳定运行水平。目前，提高风机并网友好性，增强故障穿越、频率支持以及有风情况下的功率因数调节等技术都已经成熟并广泛应用，未来还需要提高无风情况下的风机无功支撑能力，使风电成为并网友好型电源，参与电网调压等辅助服务。

---

❶ The Scottish Government. Floating Offshore Wind: Market and Technology Review 2015[R]. Scotland: 2015.

2.3　技术难点

2.3.1　风机叶片大型化技术

从风电发展历程来看，风机大型化和提高适应风速范围一直的主要研发方向。2010年，全球陆上风电机组的平均单机容量为1MW，平均叶轮直径为60.17m；海上风电机组的平均单机容量为1.6MW，平均叶轮直径为43.73m。2018年，全球陆上风电机组的平均单机容量已达2.6MW，平均叶轮直径达到110.4m；海上风电平均单机容量已达5.5MW，平均叶轮直径达到148m。在适应风速范围方面，低风速风机能够适应的风速范围已经低至5m/s左右。

风机大型化意味着叶片、轮毂、机舱、塔筒、基础等设备的重量和体积会增大，承受的载荷也会增大；风机的发电机、变流器、变压器等电气设备的额定电压电流等级都需要相应提高。开发低风速区域风电的主要技术手段是增加塔筒高度、延长风机叶片、降低机舱重量，以此达到适应低风速地区的目的。叶片大型化是风机大型化和实现低风速开发的关键技术难点，叶片设计、制造以及运行状态的好坏直接影响风机的性能和发电效率。延长叶片长度可增大单个风机的扫风面积，捕获更多的风能。随着风机大型化趋势愈发明显，大型风机叶片也被看作是衡量风电装备企业技术实力的重要指标之一。

在材料方面，大功率风机的叶片在60m以上，目前最高可达108m，随着叶片长度的增加，其自重和旋转产生的离心力对自身强度的要求也更高。主要技术难点在于开发新型的轻量、高强度材料，实现叶片轻型化，降低叶片对传动链的荷载，均衡结构应力的影响等。此外，分段式设计也是延长叶片的重要技术方向，技术难点在于不同叶片段制造材料的优选、叶片段间的可靠连接及叶片防雷等问题。

在制造方面，叶片长度的增加势必带来诸多工艺和工装上的困难。超长叶片对模具刚度、加工精度、翻转机构的载重都提出了很高的要求。同时大型叶片表面积大、局部复合材料铺层增厚，对现有的叶片成型工艺提出了严峻挑战。

在运输方面，出于安全考虑，世界各国铁路、公路管理部门对运载货物的长度、宽度和高度等都有严格的限制，大型风电叶片长度一般为几十米或更长，都超出了运输限制范围，给叶片运输带来极大不便，需要开展专门的超限运输专题研究。

2.3.2　海上风机基础技术

远海海风资源丰富，目前，海上风电开发正向远海、深海海域发展。欧洲国家在海上施工能力方面不断取得突破，固定式基础海上风电的水深达到 52m、离岸距离约 200km。位于苏格兰的 Hywind 海上风电场，是目前唯一采用漂浮式海上风电基础的已投运项目，该风电场水深约 120m，离岸距离 25km❶。

海上风电机组由风机、塔架和基础三部分组成。机组所处海洋环境条件决定了基础结构设计中不仅需要设计泥面下的地基部分，还需要在塔架底部与泥面位置之间设计过渡段结构，往往高达百米以上，这也是海上风电机组与陆上风电最大的不同之处。过渡段的设计需要考虑海水深度、潮位变动幅度、冰况、波况、风况、风机容量、地基土、风场附近通航要求（防撞防护）、工程造价以及工期等多种因素，是海上风电基础设计的关键。基础设计的复杂性和施工难度是造成海上风电成本高的主要原因之一，其成本通常占风电场总成本的 20%～30%。提高海上风机基础的设计和施工技术，降低基础成本，成为发展海上风电的关键。

海上风机基础设计施工复杂，专业跨度较大，涉及海洋水文与工程、地基基础和结构设计等多个专业领域的相关技术、方法、规范、规程与标准。技术难点主要集中在三个领域。

地基基础领域。海上风电机组基础依靠泥面下的地基土体来提供承载力和变形刚度，在海洋环境下影响各类参数的因素错综复杂，分析难度大。采用不同的基础形式，需要采用的地基基础分析技术也不相同。对于重力式基础形式，需要分析地基土体的承载力、基础的抗滑移和抗倾覆能力以及基础的差异沉降（倾斜）等；对于桩基础形式，需要分析桩基竖向承载力、抗拔承载力和水平承

---

❶ 欧洲风能协会（EWEA）：2018 年欧洲风电新增装机调研报告（中文版）[R] Brussels：EWEA，2018.

载力等，在地震多发区还需验算桩基的抗震承载力是否满足要求，同时桩基刚度的计算需要考虑往复循环荷载作用下的刚度折减效应等。

结构设计领域。海上风电机组基础结构中的过渡段是设计的难点。过渡段类似于陆地上的高耸结构，将上部风电机组塔架传递来的荷载再传递给地基或桩基，但所处的环境和受力更加复杂，需要同时考虑波浪力、水流力、冰荷载、基础风荷载等多方面的因素。停靠检修船舶时，还需要进行靠泊受力计算。过渡段一般由较多杆件相互连接组成，结点连接处存在应力集中现象，这也增加了强度验算和疲劳分析的复杂度。对于不同海域的海上风电机组，基础过渡段部分的差异较大，取决于所处的海水深度和海水水位变幅等情况。由于海水的腐蚀性和大气区的盐雾作用，过渡段设计中还需要根据所采用的基础形式选择相应的防腐蚀措施。

水文和工程领域。明确海上风电基础所处的海洋环境条件是做好工程设计和施工的重要前提。首先需要收集海洋水文气象基础资料，进行统计分析；然后依据海洋环境荷载开展设计和计算，包括波浪力、冰荷载、水流力、海风荷载、船只靠泊力、挤靠力、撞击力等。由于波况等是随机过程，计算中需要采用特征波法或随机过程方法进行动力时程分析、谱分析等。波浪引起的过渡段疲劳分析也是海上风电基础疲劳分析的一项重要内容[1]。

2.3.3　风机抗低温技术

风能资源富集地区主要集中在高纬度寒冷地带、湿气非常大的沿海地带以及高原地区等。当风力发电风机在低温条件运行时，如果遇到潮湿空气、雨水、盐雾、冰雪，特别是遇到过冷却水滴时，就会发生机组、叶片结冰现象，严重影响风电机组的运行工况、运行性能以及使用寿命。主要体现在三个方面。

一是风机叶片覆冰后，叶片每个截面覆冰厚度不一，使得叶片原有的翼型改变，大大影响风电机组的载荷和出力，降低风机的发电效率。同时，叶片覆冰会产生较大的冰载，每个叶片上的冰载不同，会增大机组的不平衡载荷，若继续运行对机组产生非常大的危害，情况严重时甚至会引起风机倒塔等严重安

❶ 王伟，杨敏. 海上风电机组基础结构设计关键技术问题与讨论 [J]. 水力发电学报，2012，31（6）：242

全事故；若因此而停机，则长年处于低温地区的机组利用率大大降低。

二是风机部件金属材料的低温脆性问题。低温脆性是金属材料的重要特性之一，金属及合金的断裂韧性随屈服强度的增加而减少。金属材料的冷脆断裂与常温下的脆性破坏基本相同。断裂前无明显塑性变形，突然发生，断口齐平，裂纹起源于材料组织中的缺陷或构件应力集中处，并快速扩展。构件的冷脆破坏无法预告和控制，危害性极大，一旦发生会造成整个结构崩溃。

三是随着温度的降低，润滑油的黏度会增加。黏度是润滑油重要质量指标，黏度过小，会形成半液体润滑或边界润滑，从而加速摩擦副磨损，且也易漏油；黏度过大，流动性差，渗透性与散热性差，内摩擦阻力大，启动困难，消耗功率大。低温环境减速齿轮箱润滑油的黏度会增大，温度越低，油样黏度提高越快，造成减速齿轮箱本身机械损耗的增加。

目前，经过特殊防冻出力的风电机组能够适用的最低环节温度在 -30 ~ -40℃左右，但并不是所有风机均满足上述温度区间，不同材质的风机叶片、润滑油和钢材均有不同的最佳工作温度。因此，需研制特殊材料的涂层，降低风机叶片结冰概率、采用积冰、积雪传感器，开发智能防护系统等风机抗低温技术。

2.3.4　并网友好型技术

并网友好型技术是指通过增加辅助控制或辅助设备，使风电场的整体出力特性具有出力可预测性、有功 / 无功可调性和电压 / 频率暂态支撑能力等。风电场的并网友好型技术包含众多技术，例如风功率预测和调度、自动发电 / 电压控制（AGC/AVC）技术、风电机组的故障穿越（低电压穿越、高电压穿越和零电压穿越）、动态无功支撑、电力系统惯量支撑、电力电子设备引起的振荡抑制、电能质量（电压波动、闪变、谐波等）提升等技术。未来随着高比例风电接入电网，并网友好型技术可以使风电具有与传统电源类似的特性，稳定电网电压、提供系统惯量、支撑电网频率，是未来风电技术发展的重要方向之一。目前，技术难点主要集中在四个方面。

一是风电功率预测技术。由于气流瞬息万变，风力资源日变化、季节变化以及年际的变化明显，使得风能波动性大、极不稳定，导致风电输出功率具有较大的随机性和间歇性。风电功率预测的难点主要表现在，一是相邻时段的风电功率波动较强，且忽大忽小，并未出现类似于日负荷曲线的"双驼峰"或"单驼峰"的特点。二是相邻日风电功率曲线的形状和变化规律也不存在相似性。风电功率具有很强的随机性和波动性，规律性差，准确预测风电功率技术难度大 ❶。

二是电力系统惯量支撑技术。风电机组采用电力电子接入电网，发电机与电网解耦，高比例新能源并网运行将取代机械转动惯量大、抗扰能力强的同步发电机组，导致系统等效惯量大幅降低，抗扰动能力下降。需要提升高比例新能源接入电网后的惯量支撑能力，主要技术困难包括，对大规模新能源并网后电网等效惯量的评估方法研究，考虑新能源并网特性及控制技术的低惯量电网抗功率扰动鲁棒性及其复杂系统动态行为的研究等。

三是振荡抑制技术。风电机组通过电力电子设备并网，高比例电力电子设备改变了电网的运行方式和动态特性，导致的新型电磁振荡问题已威胁到电力系统的安全稳定运行。电力电子设备引起的谐振相关技术难点主要集中在两方面，一是振荡机理的研究。电网规模不断扩大，网架结构日益复杂，不同风电基地和电网连接的方式也存在差别，同时风电机组类型较多，控制参数各异，不同工况下的振荡产生机理并不相同。二是振荡抑制措施的研究。电力电子设备与串补相互作用、电力电子设备之间相互作用，电力电子设备与直流控制系统之间相互作用都可能引起电磁振荡，影响因素众多且复杂，需要针对不同并网情况和运行工况，定制化地研究相应的振荡抑制措施。

四是动态无功支撑技术。动态无功支撑是指根据系统需求，利用风电机组自身设备或风电场加装的无功补偿设备发出无功功率的响应能力。目前，风电机在并网运行发电时（有风情况下）的无功控制技术已经成熟，并纳入各国的风电并网导则。在无风情况下，改进风电机组无功调节方式，增加相应控制模式及功能模块，可以实现风机吸收或发出无功功率，改善电网电压稳定性，为电网提供辅助服务，使风电成为并网友好型电源。

---

❶ 黎静华，桑川川，甘一夫，等 . 风电功率预测技术研究综述 [J]. 现代电力，2017（3）.

专栏 2-1 **风电机组无风情况下的无功调节能力分析**

全功率变频机组网侧变流器可以实现四象限运行，在无风情况下，网侧变流器可以从电网吸收少量有功功率维持直流电压恒定，并通过调节无功指令控制其吸收或发出的无功功率，与静止同步补偿器（Static Synchronous Compensator，STATCOM）的工作模式类似。在吸收有功功率确定的情况下，无功调节范围仅受网侧变流器的最大电流限制，$P-Q$ 功率边界曲线如图 2.15（a）所示。

双馈风电机组在无风情况下有两种发无功模式。一是将定子从电网断开，并将转子侧变流器闭锁，利用网侧变流器，按照 STATCOM 模式运行，该方式发出或吸收的无功功率较小，上限为双馈风机额定功率的 1/3。二是将风轮机顺桨，从电网吸收一定有功功率维持风轮机以亚同步速运行，通过调节转子侧变流器输出的励磁电压实现无功功率控制，该模式与同步调相机类似。网侧变流器的无功功率运行范围受变流器最大设计功率限制；定子无功功率调节范围受转子侧变流器最大电流和静稳极限的限制。当双馈感应风电机组吸收或发出无功功率超过一定值时将变得不稳定，如图 2.15（b）所示。

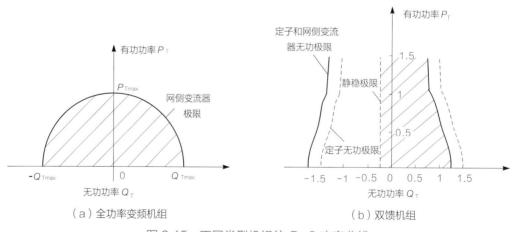

（a）全功率变频机组　　　　　　（b）双馈机组

图 2.15　不同类型机组的 $P-Q$ 功率曲线

2.4 经济性分析

2.4.1 成本构成

2.4.1.1 陆上风电场与海上风电场成本构成

从全寿命周期的视角来看，风电项目总成本包括初始投资、运维成本和金融成本，其中初始投资包括设备及安装成本、建设成本、并网成本、土地成本等。设备及安装成本主要指风电机组、风机基础等设备采购及安装费用；建设成本除了建筑费用外（风机基础、主控室），还包括设计费用、前期费用、工程监理费用、环境保护和水土保持工程费用；土地成本主要是土地租赁费用，并网成本包括输电线路及变压器等相关费用。**从是否受技术水平影响视角看**，电站的总成本可分为技术成本和非技术成本两类。其中，**技术成本**包括设备及安装成本、建设成本以及运维成本，占总成本的 80%～85%。**非技术成本**指通过政策或规定的调整可以改变的成本，包括并网费用、土地费用、前期费用、融资成本等，占总成本的 15%～20%。风电场经济性影响因素见表 2.4。

表 2.4　风电场经济性影响因素

分类		影响因素
技术参数		利用小时数、项目年限
初始投资	设备及安装成本	风机、基础、塔筒、箱式变电站、集电线路、升压站设备
	建设成本	建筑费用、设计费用、管理费用、前期费用
	并网成本	输电线路、变压器
	土地成本	土地租赁费用
金融成本		融资成本（贷款利率）
运维成本		配件费用、修理费用、管理费用、工资等
政策条件		税费、收购电价、上网电价、补贴等优惠政策

陆上风电和海上风电的初始投资各项占比如图 2.16 所示。由图可知，风机设备成本占比最大，陆上风电的风机成本约占 56%，海上风电的风机成本

约占64%；其次，对于陆上风电场，塔筒成本占比较大，约17.3%，而对于海上风电场，风机基础占比较大，约17.6%。相较于陆上风电，海上风电场初始投资（单位造价）约为陆上风电场的2倍。目前，全球陆上风电的初始投资在1200~2500美元/kW，全球海上风电的初始投资在2600~5400美元/kW❶。

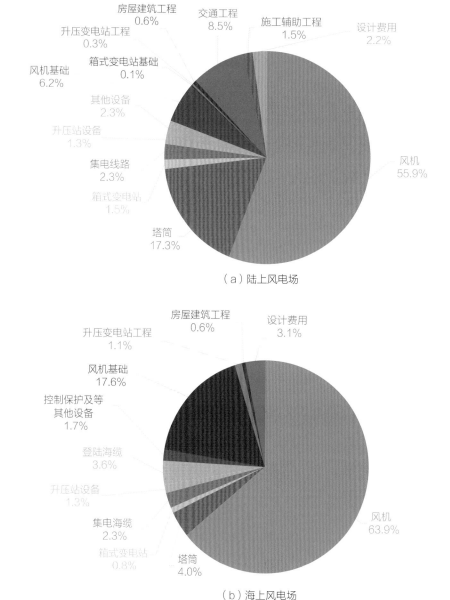

（a）陆上风电场

（b）海上风电场

图2.16　陆上风电场和海上风电场成本组成

❶ International Renewable Energy Agency. Renewable Power Generation Costs in 2018[R]. Abu Dhabi: IRENA，2018.

2.4.1.2 陆上风电场与海上风电场成本对比

下面从项目前期、项目建设期以及项目运行期的全生命周期进行海上和陆上风电成本比较。

1. 项目前期

海上风电场的前期工作时间相对较长，需要协调的部门较多，主要包括海洋、海事等，需要取得的支持性文件多，海域、通航、海洋环评等。项目前期工作费用较高，是陆上费用的 3~4 倍。

2. 项目建设期

相比于陆上风电场，海上风电项目建设中，设备费用和施工安装费用均有显著增加。设备费用中，海上风电机组单位造价是陆上风电机组的 2 倍、海缆以及海上升压站等电机设备价格是陆上风电的 2~3 倍；施工安装费用中，由于海上施工条件差，施工难度高，风机基础、风机安装等费用是陆上风电的 6~8 倍。

3. 项目运行期

海上风电场需要维护的设备主要包括风电机组设备、升压站设备及平台、海缆等。但海上风电场一般离岸距离较远，加上台风、风暴潮等天气引起的大浪等不利海况条件，可到达性较差，风电机组运行维护较困难，维护成本很高。

目前根据项目设备在寿命期可靠性逐渐下降的特点，修理费率分阶段考虑，一般建设期及质保期取固定资产价值的 0.5%，并以 5~10 年为一个时间段，逐级提高修理费率至 3.0%。根据欧洲海上风电场运行、维护经验，风电场运行维护工作量为同等规模陆上风电场的 2~4 倍，运行维护工作量较大，难度较高。

2.4.2 度电成本

近几年，风电的度电成本呈下降趋势。据彭博新能源统计，2018年，全球陆上风电平均度电成本为5.1美分/kWh；全球固定式海上风电平均度电成本在2012年之后开始大幅下降，至2018年，平均度电成本为11.6美分/kWh，如图2.17所示。

根据IRENA统计，2018年，全球主要国家陆上风电平均度电成本（LCOE）如图2.18所示。

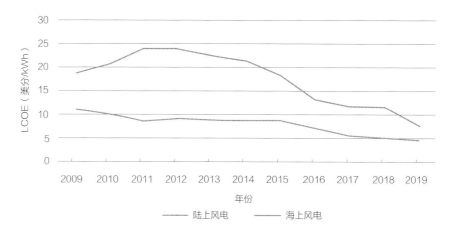

图2.17　陆上风电和固定式海上风电历年度电成本 [1]

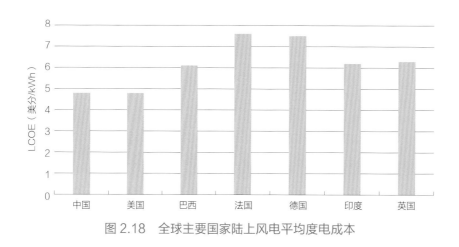

图2.18　全球主要国家陆上风电平均度电成本

[1] 彭博新能源财经（BNEF）：1H2020 WIND LCOE UPDATE[R]NewYork：BNEF，2019.

对于陆上风电，度电成本降低归功于设备及安装成本的持续下降以及风机平均利用小时数的提高。推动这一趋势的因素包括风机设计和制造水平的持续提高以及全球供应链更加完善等。对于海上风电，在 2010 年和 2018 年投产的欧洲海上风电项目中，LCOE 下降了 14%（从 15.6 美分 /kWh 降至 13.4 美分 /kWh），其中比利时 LCOE 降幅最大，下降 28%（从 19.5 美分 /kWh 下降到 14.1 美分 /kWh）。德国和英国分别下降了 24% 和 14%（LCOE 下降到 0.125 美元 /kWh 和 0.139 美元 /kWh）。在亚洲，从 2010 年至 2018 年，LCOE 下降了 40%（从 17.8 美分 /kWh 到 10.6 美分 /kWh）。海上风电成本降低的主要原因包括海上风机安装和物流水平的提高，投入运营的规模扩大（海上风电场集群分布），风机设备的大型化（更高的轮毂高度和更大的转子直径），以及开发了风能资源更好的海域等。

2.5 发展前景

2.5.1 技术研判

2.5.1.1 技术发展趋势

风电机组大型化趋势显著，单机容量快速提升。 2018 年，全球陆上风机的平均单机装机容量是 2.6MW，平均风轮直径是 110.4m；全球海上风机的平均单机装机容量是 5.5MW，平均风轮直径是 148m。

采用基于技术成熟度等级的评估方法，分析未来不同单机容量风电机组的成熟水平，关键评价指标包含：风机叶片设计制造、大容量风机变流器、大型风机吊装技术、高风机塔架和风机设备无害化回收技术等。陆上 / 海上风机大型化技术成熟度如图 2.19 所示。

预计到 2035 年，叶片仍然沿用目前的材料，分段式设计、连接技术取得突破，陆上风机平均风轮直径将达到 180m，最大达到 210m，风机平均单机容量达到 6MW，最大达到 12MW；海上风机平均风轮直径达到 230m，最大达到 250m，风机平均单机容量达到 15MW，最大达到 20MW。预计到 2050 年，叶片采用新型材料，分段式叶片技术成熟，陆上风轮平均直径达到 220m，最大

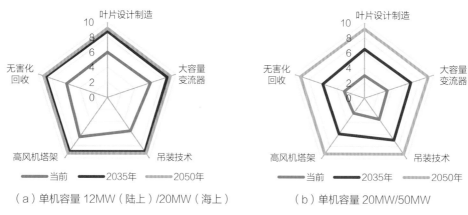

（a）单机容量 12MW（陆上）/20MW（海上）　　　（b）单机容量 20MW/50MW

图 2.19　陆上 / 海上风机大型化技术成熟度评估雷达图

达到 250m，风机平均单机容量达到 12MW，最大达到 20MW；海上风机平均风轮直径达到 250m，最大达到 420m，风机平均单机容量达到 20MW，最大达到 50MW，详见表 2.5。

　　海上风电开发将向远海、深海发展，漂浮式基础有望得到广泛应用。随着开发规模的快速增加，资源好、易开发的近海站址资源将逐渐开发完毕。同时，为避开港口、军事区、海洋生态保护区等海域，减少海上风电对沿海区域发展的影响，海上风电场将向远海发展。远海区域海深较大，海上风电机组必须采用创新的基础形式、材料、设计结构，适应开发的需求。漂浮式基础不受海深限制，未来将得到广泛应用。

表 2.5　风电技术的发展趋势

年份	风轮直径（m）		单机容量（MW）	
	平均	最大	平均	最大
陆上风机				
2018	110.4	150	2.6	6
2035	180	210	6	12
2050	220	250	12	20
海上风机				
2018	148	193	5.5	8
2035	230	250	15	20
2050	250	420	20	50

风机抗低温技术不断进步，解决极地地区风电开发难题。目前，风机能够适应的最低温度为 -30～-40℃，风机抗低温技术的关键评价指标包含：抗寒风机叶片材质、低倾点润滑油、超低温钢材、除冰技术和低温密封性材料等。

预计到 2035 年，风机最低运行温度可到达 -50～-60℃；到 2050 年，风机最低运行温度可到达 -60～-70℃。低温风机技术成熟度如图 2.20 所示。新型抗低温材料的运用，不断提高风机对于严寒的适应能力，突破高纬度和极地地区风电开发的技术瓶颈。资源条件好的俄罗斯远东、格陵兰岛等地区和北极风电得到有效开发，通过特高压柔性直流技术输送至负荷中心。

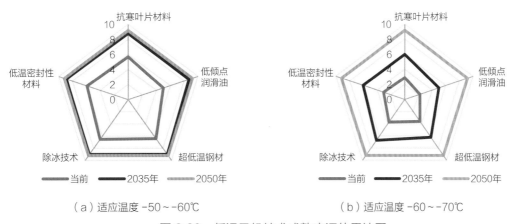

（a）适应温度 -50～-60℃　　　　　　（b）适应温度 -60～-70℃

图 2.20　低温风机技术成熟度评估雷达图

风电并网友好性不断提升，实现网源协调发展。随着技术进步，中远期风功率预测准确率将明显改善，与其他可再生能源、储能实现统筹开发、优化布局和联合运行，风电有功输出实现可知、可控，减少出力波动对电力平衡的冲击。风电广泛参与系统辅助服务，实现调峰、调频、无功支撑，特别是在无风的情况下也能参与系统无功调节，改善电网电压水平。虚拟同步机技术得到普遍应用，改善电网惯性和阻尼特性，提高系统稳定运行能力。

2.5.1.2　技术攻关方向

1.　叶片大型化技术

大型风机的叶片体积更大、更柔性，承受的力矩也更大，未来需要重点攻关基于高效叶片气弹、轻量化结构和减少气动噪声相结合的一体化设计技术；研发基于纳米技术，能够减少结冰和积垢的新型高性能复合材料；研究150m级以上叶片的分段式技术。

在结构设计方面，需要采用更为先进的流体动力学模型，创新翼形设计，优化大型叶片的中空夹芯结构，使得叶片具有较高的抗屈曲失稳能力和较高的自振频率，降低自重，减少传递到风机其他部分的载荷。

在叶尖速设计方面，研究并设计合理风轮转速，维持一定的叶尖速，有效控制气动噪声。陆上风机的叶尖速应控制在90～100m/s，海上风机的叶尖速应控制在70～80m/s。

在材料选择方面，叶片大型化对材料的强度和刚度提出了更加苛刻的要求，需要设计研发纳米级高性能复合材料。在更大尺寸叶片的制造上，单纯的玻璃纤维已不能满足刚度的要求，探索新型高强度碳纤维材料在大型或超大型风机叶片上的应用，在提高叶片强度的同时，实现叶片减重，进一步实现旋翼叶壳、传动轴、平台及塔罩等装备的轻量化，降低大型风机成本。

在分段式叶片技术方面，能够有效解决大型风力机长叶片的制造和运输难题。叶片分段后长度变为原来的一半或者更短，运输、现场吊装的难度和成本显著降低，同时，还可以充分利用现有的设备和技术条件生产更长的叶片，降低叶片生产对工艺、设备和工装的要求。适应复合材料的纤维连续性和多组分结构要求的新型叶片连接设计是需要重点突破的方向，T型螺栓、管式连接以及预埋螺栓套双头螺柱连接构造等研发方向具有较好的应用前景 ❶。

---

❶ 秦志文，杨科，王继辉，宋娟娟. 分段式风电叶片研究进展和发展趋势 [J]. 玻璃钢 / 复合材料：2017（1）：101–105.

2. 海上风电技术

在基础形式选择方面，建立综合考虑水深、水位变动幅度、土层条件、海床坡率与稳定性、水流流速与冲刷、风电机组运行要求、靠泊与防撞要求、施工安装设备能力、预加工场地与运输条件、工程造价和项目建设周期要求等条件，因地制宜选择基础形式的方法。

在桩基设计方面，建立适应不同风电机组工况要求的桩基设计方法，较好的解决抗拔承载力、水平承载力、循环往复荷载长期作用下，浅层地基土与桩基之间的接触密实度逐渐衰减和桩侧土体刚度逐步减小等问题。研究考虑大尺寸桩基侧向刚度的 M 法（Matlock 和 Reese 的方法），解决桩基动力循环效应影响分析问题。建立考虑动态刚度折减，具备裂缝验算能力的基础结构设计方法，提高基础与过渡段结构的整体刚度，适应增加承台结构的预制桩或灌注桩型基础设计要求。

在结构模态分析方面，提高综合考虑地基、基础、过渡段结构、风电机组塔架、机舱和叶片的整体结构建模水平，结合实际桩长和动力循环荷载效应提高结构模态分析水平。建立由波况诱发系统共振的概率评估方法，提升海上风电基础的安全性水平。

在波浪载荷计算方面，根据整体波浪力荷载和整体结构三维分布，改进并完善三脚架或多脚架和导管架基础形式的参数自动搜索优化算法；建立完善的波浪载荷计算体系，可结合波况、水深和基础结构的具体形式选取线性（Airy）波、斯托克斯（Stokes）多阶波、椭圆余弦波、孤立波、流函数等开展计算分析。

在疲劳分析方面，结合动力时程分析或波浪谱分析理论〔P-M谱（Pierson-Moscowitz）、风浪频谱（Jonswap）、文圣常谱等〕和疲劳损伤线性累积理论，建立相对完善的海上风电基础过渡段疲劳分析算法，满足三脚架、多脚架和导管架等基础结构过渡段的疲劳分析要求，精确分析各类器件连接处的疲劳工况，优化损伤度计算方法，精准预测结构的疲劳寿命[1]。

---

❶ 王伟，杨敏.海上风电机组基础结构设计关键技术问题与讨论[J].水力发电学报，2012，31（6）：242-248.

3. 风机抗低温技术

在叶片材料研发方面，超低温的运行环境，对叶片材料的耐低温性能及制造工艺提出了更高的要求，尤其是在超低温气候条件下，叶片材料的刚度将增大，韧性降低。为此，对超低温气候条件叶片韧性提出了更高要求，以便使得叶片在运行过程中不至于脆断和开裂。叶片的设计和制造还需做进一步的研究，同时需要对叶片基体、夹层以及黏合材料进行相关的试验和测试。

在低温金属材料方面，机组主要结构部件均为金属材料，金属材料在低温环境下的强度会提高，但冲击韧性会降低。因此，在超低温气候环境下的材料选取尤为重要。关键零部件的金属材料，如轮毂铸件、机架、塔筒焊接件、主轴、各类轴承等，均需要具有优良的低温性能。为此，对主要结构部件的低温力学性能进行研究，以便选择合理的低温材料。并对主要结构部件的铸造技术、焊接技术及无损检测技术进行研究，以提高材料的低温冲击韧性，并降低铸件、焊缝的缺陷，防止低温脆断的发生。

在低温润滑油方面，在极寒的气候环境下，温度的降低导致润滑油脂黏度的增大，从而使润滑油及润滑脂的润滑效果急剧下降，加剧传动部件的损坏。特别是在机组启动阶段，润滑油脂预热时间较长，风力发电机组低温运行中比较突出，需要研究新的解决方案。

在保温技术方面，超低温环境下，电气元器件的功能会存在不同程度的衰减，结构件和润滑油脂的性能也将受到不同程度的影响，为满足机组内部各部件的正常运行要求，需对机组增加加热系统和保温设计，如机舱内部配置加热模块、采用全封闭式结构设计、研发新型保温隔音材料等。

4. 并网友好型技术

在风电功率预测方面，攻关方向一是对风电功率的出力特性以及出力特性的数学描述方法进行研究。二是组合各种先进的预测模型，取长补短，提高各种时间尺度下、不同环境下的风电功率预测精度。三是提高复杂地形地区数值天气预报的精度和更新频率，为风电功率预测提供可靠依据。四是较为准确的风电功率预测技术和系统涉及学科多、模型复杂，需要进一步增强各学科间的融合。五是在点预测、区间预测、概率预测、场景预测等方面开展研究。六是风电功率预测向更长时间尺度，如月度、年度，预测方向延伸，向更大地理跨度的大型风电场预测方向拓展，增加中长期以上的大规模风电基地功率预测的精度 ❶。

在电力系统惯量支撑方面，攻关方向一是建立电力系统等效惯量评估方法，将等值模型映射至区域电网，通过联络线传输功率考虑不同区间的耦合特征，满足多区域互联电力系统等效惯量的在线评估和极限最小惯性的量化计算。二是突破风电惯量支撑能力提升技术，基于电力电子装备柔性调控技术，通过附加虚拟惯性控制实现风电、网、荷、储对系统的惯量支撑 ❷。

在抑制电力电子引发的电磁振荡方面，攻关方向一是研究振荡机理。基于特征值法、阻抗分析法、复转矩系数法、频率扫描法、幅相动力学法、非线性分析方法、时域仿真法等方法，建立适用于分析不同电网结构、不同电源组合、不同运行工况下，分析系统电磁－机电耦合振荡机理的系统方法，确定非线性系统负阻尼振荡稳定边界的方法，满足风电投运前谐振风险评估要求。二是研究振荡抑制措施。在系统规划阶段，建立降低谐振风险的串联 FACTS 装置参数设计、并网风机台数、并网网架结构、系统短路比、电力电子变流器参数的优化方法，有效增大系统在谐振频率处的阻尼。在运行阶段，突破对风机变流器、柔性交流输电系统（FACTS）装置附加阻尼控制的设计方法，重塑变换器的频率－阻抗特性，增强对振荡的抑制能力 ❸。

在动态无功支撑方面，攻关方向是提升风电机组全天候参与系统电压调节运行的能力，特别是全功率变频和双馈风电机组在无风情况下发无功的能力，优化控制策略和算法，增加新的运行工况，研发高可靠性、电磁兼容性好的附加控制模块，做好与现有风机控制系统的兼容。

❶ 黎静华，桑川川，甘一夫，等 . 风电功率预测技术研究综述 [J]. 现代电力，2017（3）.
❷ 王博，杨德友，蔡国伟 . 高比例新能源接入下电力系统惯量相关问题研究综述 [J]. 电网技术，2020（5）.
❸ 姜齐荣，王玉枝 . 电力电子设备高占比电力系统电磁振荡分析与抑制综述 [J]. 中国电机工程学报，2020（7）.

2.5.2 经济性研判

2.5.2.1 陆上风电

风电项目的技术类投资变化规律相对明显，非技术类投资不确定性因素多，规律相对复杂。报告结合基于技术成熟度分析的"多元线性回归＋学习曲线拟合"法和基于"深度自学习神经元网络"算法的关联度分析和预测两种方法，建立二元综合评估模型（RL-BPNN），将技术类投资和非技术类投资进行解耦分析，报告结合近 10 年历史数据和对风电发展趋势的技术研判结果，对未来风电初始投资水平进行预测，结果如图 2.21 所示。2020 年之前的数据点代表了线性回归和用于神经元网络训练的历史数据，生成的预测包络线是对未来项目投资估算结果的可能范围。随着单机容量增大能量转化效率更高，陆上风电初始投资呈下降趋势。

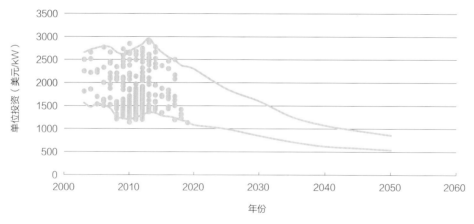

图 2.21　全球陆上风电基地投资预测结果

通过对历史数据的统计分析，从 2008 年至今，风电机组的设备及安装成本下降了 50% 左右，风电场建筑工程成本下降了 30% 左右。随着风机大型化，风机叶片长度的增加，轮毂高度的增大，单机容量增大，单台风机捕获的风能更多，效率更高；同时，随着风电场智能化控制技术的进步，运维费用也将呈下降趋势。根据上述模型预测，到 2035 年陆上风电的设备及安装成本将下降 30% 左右，建筑工程成本下降 30% 左右，征地费用和前期费用等非技术成本下降 35% 左右。全球陆上风电的平均初始投资降至 770 美元 /kW。到 2050 年，陆上风电的设备及安装成本下降 45% 左右，建筑工程成本下降 40% 左右，征地费用和前期费用等非技术成本下降 50% 左右。全球陆上风电的平均初始投资降至 610 美元 /kW，预测结果如图 2.22 所示。

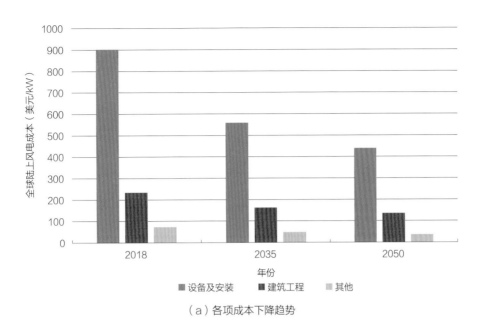

（a）各项成本下降趋势

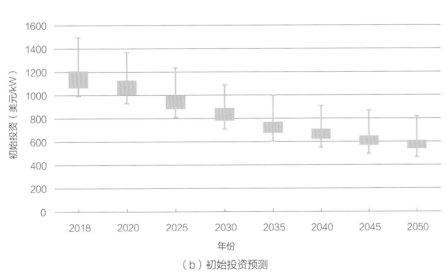

（b）初始投资预测

图 2.22　陆上风电初始投资预测

　　结合基于 RL-BPNN 二元综合评估模型对未来风电初始投资水平的预测结果，报告采用风电度电成本计算方法，详见附录 3。综合考虑技术参数、成本参数、财务参数、政策参数等四部分主要影响因素，对陆上风电度电成本进行预测。基于这一模型，考虑不同国家和地区的政策影响和资源禀赋的差异，赋予模型相应的容量因子，从而获得全球各大洲未来不同水平年的陆上风电度电成本预测结果。陆上风电度电成本预测如图 2.23 所示。

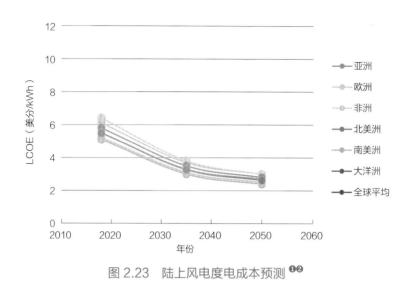

图 2.23　陆上风电度电成本预测 ❶❷

　　考虑到风机大型化等技术进步带来的风机成本、运维成本和建设成本降低，预计到 2035 年全球规模化集中开发的陆上风电平均度电成本有望降至 3.3 美分 /kWh，低于燃煤发电价格。到 2050 年，度电成本有望进一步降至 2.6 美分 /kWh，经济性进一步提升。在部分资源条件好，政策力度高的国家或地区，如阿根廷南部、蒙古国中部等，度电成本有望低至 2 美分 /kWh 以下。

2.5.2.2　海上风电

　　采用同样的预测方法对海上风电经济性进行预测，投资预测结果如图 2.24 所示。

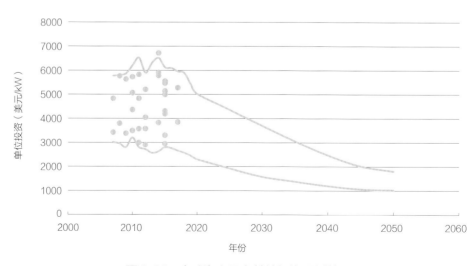

图 2.24　全球海上风电基地投资预测结果

❶ 彭博新能源财经（BNEF）：1H2020 WIND LCOE UPDATE[R]NewYork：BNEF，2019.
❷ National Renewable Energy Laboratory. Annual Technology Baseline 2018 [R]. Colorado：NREL，2019.

海上风电装备和开发技术正处于快速发展和成熟期，随着海上施工工程技术和装备水平提升，海上风电项目的初始投资将呈现明显下降趋势，从 2020 年至 2050 年仍有较大下降空间。

预计到 2035 年，海上风电的设备及安装成本下降 45% 左右，建筑工程成本下降 45% 左右，征海费用和前期费用等非技术成本下降 40% 左右。全球海上风电的平均初始投资降至 1470 美元 /kW，平均度电成本降至 6.5 美分 /kWh。预计到 2050 年，陆上风电的设备及安装成本下降 55% 左右，建筑工程成本下降 55% 左右，征海费用和前期费用等非技术成本下降 45% 左右。全球海上风电的平均初始投资降至 1250 美元 /kW，度电成本降至 5 美分 /kW，预测结果如图 2.25 和图 2.26 所示。在资源条件好的海域，如欧洲北海沿岸，有望低至 4 美分 /kWh 以下。

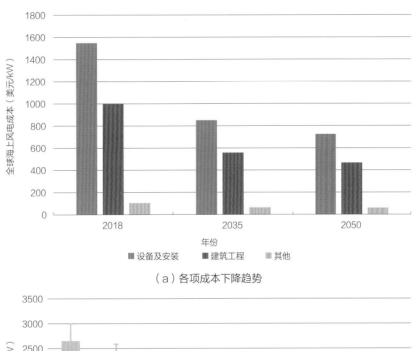

（a）各项成本下降趋势

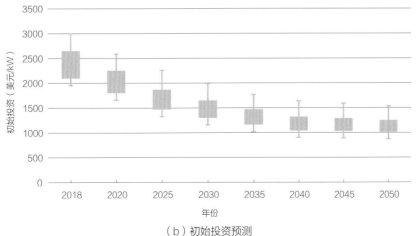

（b）初始投资预测

图 2.25　海上风电初始投资预测

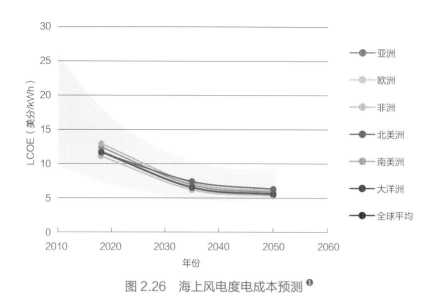

图 2.26　海上风电度电成本预测 ❶

2.5.2.3　陆上与海上风电经济性比较

1.　场景设置

以各场景间输送电量相等为原则，设计了陆上、近海和远海三个风电开发场景。三个场景示意如图 2.27 所示。根据陆上风电和海上风电的投资水平和特点，以两种风电发出同等的电量为原则设置三种计算场景，对比分析两种风电的开发价值。三种场景的基本参数见表 2.6。

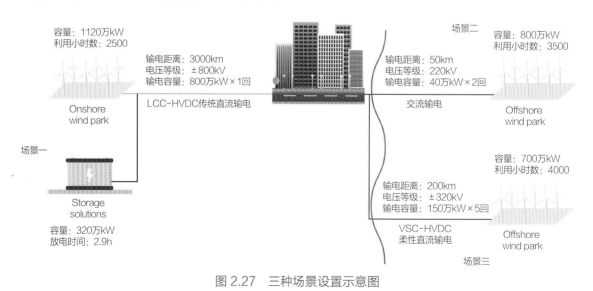

图 2.27　三种场景设置示意图

---

❶ National Renewable Energy Laboratory. Annual Technology Baseline 2018 [R]. Colorado：NREL，2019.

表 2.6　场景设置基本参数表

项目	单机容量	装机台数	装机容量	发电量	利用小时数
单位	MW	台	万 kW	亿 kWh	h
陆上风电	3	3732	1120	280	2500
近海风电	6	1333	800	280	3500
远海风电	6	1166	700	280	4000

　　场景一采用 ±800kV/800 万 kW 直流将 1120 万 kW 陆上风电电力输送至 3000km 外的用电中心，配置 320 万 kW 储能电站满足外送通道要求。场景二采用 220kV 交流海底电缆实现 800 万 kW 近海风电就近接入用电中心。场景三采用 ±320kV 柔性直流将 700 万 kW 远海风电接入用电中心。

2. 投资估算

　　上述三个场景的投资估算结果见表 2.7。按照 2018 年造价水平，场景一中陆上风电场通过远距离输电的总投资最少，为 202.4 亿美元。场景三中漂浮式远海风电场的总投资最高，为 467.4 亿美元。

表 2.7　场景设置投资估算表　　　　单位：亿美元

项目	风电基地投资		输电投资		储能投资		合计投资	
年份	2018	2035	2018	2035	2018	2035	2018	2035
场景一	135	86	32.4	31.7	35	11	202.4	128.7
场景二	205	118	17.1	16.5	0	0	222.1	134.5
场景三	432	202	35.4	33.6	0	0	467.4	235.6

3. 度电成本分析

　　通过场景设置和投资估算，建立陆上风电，近海风电和远海风电的度电成本估算模型。考虑储能、输电等投资后，陆上、近海、远海风电的综合度电成本如表 2.8 所示，其中储能的度电成本是储能总投资除以储能年充放电量。由结果可知，陆上风电配置储能的场景综合度电成本最低，海上风电未来降价空间更大。

表 2.8　不同场景的综合度电成本　　　　　　　单位：美分/kWh，TWh

年份	陆上风电			近海风电		远海风电	
2018	发电	储能	输电	发电	输电	发电	输电
发电量/充放电量	28	0.98	28	28	28	28	28
各环节成本	5.5	30.5	0.88	11.7	0.47	19.3	0.86
平均LCOE	7.4			12.2		20.2	
2035	发电	储能	输电	发电	输电	发电	输电
发电量/充放电量	28	0.98	28	28	28	28	28
各环节成本	3.3	9.3	0.86	6.5	0.45	8.9	0.81
平均LCOE	4.5			7.0		9.7	

4．主要结论

测算结果表明，不论是当前还是 2035 年，漂浮式海上风电投资高，陆上风电虽然利用率相对较低、输电距离远，还需要配置储能系统，但是系统综合度电成本仍是三个场景中最低的。由此可见，海上风电资源的开发还需要加大研发力度，在机组大型化、降低风机基础成本、漂浮式机组实用化等方面实现突破，不断降低海上风电的整体度电成本。

3

光伏发电技术

光伏发电技术是利用半导体的光生伏特效应将光能直接转变为电能的一种技术。光伏发电较少受地域限制、安全可靠、无噪声、低污染、无须消耗燃料、建设周期短，是极具开发潜力的新能源发电方式。

3.1 技术现状

3.1.1 技术概述

3.1.1.1 光伏发电发展

光伏发电技术已有 160 多年的发展历史。1839 年，法国科学家贝克勒尔（E. Becquerel）发现液体的光生伏特效应（简称光伏效应），然而对该现象没有科学的解释。1877 年，英国大学教授亚当斯（W.G.Adams）和雷（R.E.Day）研究了硒（Se）的光伏效应，并制成第一片硒太阳电池；1904 年德国物理学家威廉·瓦克斯（Wilhelm Hallwachs）发现铜与氧化亚铜（Cu/Cu_2O）结合在一起具有光敏特性；德国物理学家爱因斯坦（Albert Einstein）发表关于光生伏特效应的论文，科学地解释了光伏现象，爱因斯坦因此获得了诺贝尔奖；1918 年波兰科学家丘克拉斯基（Czochralski）发明了制备单晶硅的提拉法工艺。

1941 贝尔实验室（Bell）的半导体专家拉塞尔.奥尔（Russell Ohl）利用 PN 结制成世界上第一个现代意义上的太阳电池并申请了专利；1954 年，贝尔实验室研究人员查宾（D.M.Chapin）、富勒（C.S.Fuller）和皮尔逊（G.L.Pearson）研制了转换效率为 6% 的单晶硅光伏电池。1957 年霍夫曼（Hoffman）电子的单晶硅电池转换效率达到 8%，单晶硅光伏电池的研发工作不断成熟发展，对光伏发电技术的实用化起到了决定性作用。

1954 年以后，光伏电池的材料研制突飞猛进，转换效率不断提升。1959 年霍夫曼（Hoffman）电子通过使用网栅电极减少太阳电池串联电阻，其商业化单晶硅电池效率达到 10%。1963 年，日本 Sharp 公司成功生产光伏电池组件，并建成了 242W 光伏电池阵列，是当时世界最大的光伏电池阵列；1977 年卡尔森（D.E.Carlson）和沃克斯（C.R.Wronski）制成世界上第一个非晶硅（a-Si）光伏电池；1985 年澳大利亚新南威尔士大学研制的单晶硅光伏电池效率达到 20%；1999 年世界光伏电池年产量超过 201.3MW，美国国家可再生能源研究室（NREL）的孔特雷拉斯（M.A.Contreras）等研制的铜铟硒（CIS）光伏电池效率达到 18.8%；2003 年德国弗劳恩霍夫光伏晶硅研究中心（FraunhoferISE）使用激光技术掺杂（Laserfired-contact，LFC）晶体硅光伏电池效率达到 20%，在维持较高转换效率的同时，降低了成本。

20 世纪 80 年代以来，太阳电池的研发得到快速发展，晶硅电池的转换效率不断提升，实现了商业化。薄膜电池中的铜铟镓硒薄膜电池、碲化镉薄膜电池、非晶硅薄膜电池的实验室转换效率不断提升，形成了一定的产业规模；钙钛矿太阳电池、染料敏化电池、有机电池也初步实现了规范化生产，热载流子电池、量子点电池、多叠层电池等新概念电池相继被提出。目前，晶硅电池最高转换效率可达到 26.7%，铜铟镓硒薄膜电池的转换效率可达到 23.35%。

经过几十年的技术进步，光伏发电成本不断下降，发电规模不断扩大。光伏发电历史如图 3.1 所示。21 世纪以来，全球光伏发电发展势头已超过风电，成为装机容量增长速度最快的清洁能源发电技术，未来有望成为世界能源供应的主体❶。

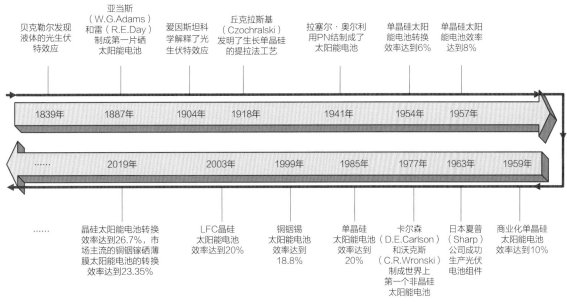

图 3.1　光伏发电历史

❶ 本社 . 中国电力百科全书 [M]. 中国电力出版社，2014.

3.1.1.2　光伏发电系统结构

光伏发电系统主要由**光伏电池及其组件**（或阵列）、**逆变器、升压变**以及测量、数据采集等附属设施构成如图 3.2 所示。

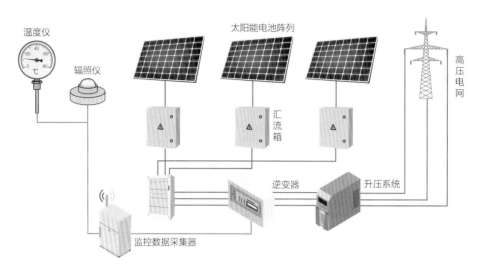

图 3.2　太阳能光伏的发电系统的组成

1. 光伏电池及组件

光伏电池是光伏发电系统的基础和核心器件，能够将太阳能直接转化为电能。现阶段市场上的太阳电池主要包括晶体硅电池和薄膜太阳电池。光伏电池一般不直接作为电源使用，原因包括，**一是**单体电池由单晶硅或多晶硅材料制成，厚度薄（约 0.2mm）、质地脆，不能承受较大的撞击；**二是**光伏电池的电极尽管在材料和制选工艺上不断改进，耐湿、耐腐蚀性能有所提高，但仍然不能满足长期裸露使用的需求；**三是**单体硅电池片的电压、电流输出与一般用电设备的要求不匹配，这是由于电池的输出电流与电压由硅材料本身性质、光照条件所决定。因此，实际使用过程中，通常将单体电池通过串联、并联的方式组合起来，构成光伏组件，如图 3.3 所示。

光伏组件由单体光伏电池、钢化玻璃、背板、封装材料、互联条、汇流条以及铝合金边框组成，如图 3.4 所示。**钢化玻璃**位于组件的最外层，用于保护光伏电池。**背板**位于光伏组件的背面，主要起到保护和支撑太阳电池的作用，目前光伏行业较常用的背板为 TPT 背板。**封装材料**的作用是将光伏电池、铜锡焊带、背板及光伏玻璃等粘结在一起，目前广泛采用的是 EVA 胶膜。透明 EVA 材质的优劣直接影响到组件的寿命，暴露在空气中的 EVA 易老化发黄，从而影响组件的透光率，从而影响组件的发电质量。**互联条和汇流条**用于电路连接和电流汇集，采用铜基材外面包裹锡铅合金镀层，也叫涂锡铜带。

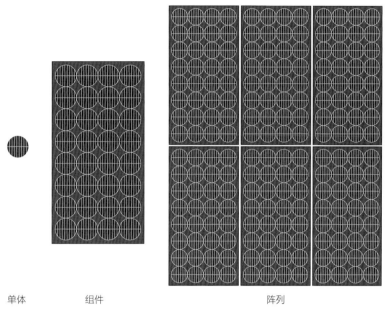

单体　　　　组件　　　　　　　　阵列

图 3.3　太阳能电池的单体组件及阵列

光伏阵列是由若干个光伏组件在机械和电气上按一定方式组装在一起并且具有固定的支撑结构而构成的直流发电单元。按是否自动跟踪太阳和光伏阵列分为固定式和自动跟踪式两类。

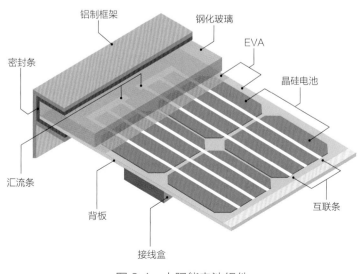

图 3.4　太阳能电池组件

2. 逆变器

除了光伏组件效率外，光伏系统发电效率还受到逆变系统转换效率影响，电站设计的重要目标就是提升逆变系统的转换效率。通常采用逆变器将光伏组件（或阵列）发出的直流电转变成交流电。现阶段逆变器转换效率最大可达99%，并网逆变器对转换效率的要求也在 98.5% 以上，逆变器本身的研究已经很完善。然而逆变器的选件是针对满功率设计，在低功率下，逆变器中大功率器件会造成功率过损。光伏发电受天气、光照的影响，在弱光条件下不可避免地会出现运行损耗。目前常见的逆变器主要分为集中式逆变器、组串式逆变器和集散式逆变器。

集中式逆变器将阵列产生的直流电先汇总后逆变为交流电，再经光伏电站的主变升压并网。集中式逆变器的功率都比较大，在 500kW 以上，并且体积较大，在室内立式安装。集中式逆变器的优点包括，**一是**功率大，数量少，便于管理；元器件少，稳定性好，便于维护。**二是**谐波含量少，电能质量高；保护功能齐全，安全性高。**三是**具备功率因数调节功能和低电压穿越功能，电网适应性好。

集中式逆变器也存在一些缺点，**一是**最大输出功率点追踪（Maximum Power Point Tracking，MPPT）的电压范围较窄，不能监控到每一路组件的运行情况，因此无法使每一路组件都处于最佳工作点，组件配置不灵活；**二是**占地面积大，需要专用的机房，安装不灵活；**三是**自身耗电以及机房通风散热耗电量大。

组串式逆变器将光伏组件产生的直流电先逆变为交流电，然后再汇集后经光伏电站的主变升压并网。因此，组串逆变器的功率都相对较小，一般在50kW 以下，体积较小，在室外壁挂式安装。组串式逆变器的优点包括，**一是**采用模块化设计，每个光伏串对应一个逆变器，不受组串间模块差异、个别组件的阴影遮挡的影响，因此光伏电池组件最佳工作点与逆变器不匹配的情况减少，增加了发电量。**二是** MPPT 电压范围宽，组件配置更加灵活，光伏电池组件最佳工作点与逆变器匹配情况更好，提高了发电效率。**三是**体积小，占地面积小，无须专用机房，运输和安装灵活。**四是**自耗电低、单台设备故障影响小。

组串式逆变器的缺点包括四点，**一是**功率器件电气间隙小，导致散热困难；**二是**户外型安装，电子元器件较多，功率器件和信号电路在同一块板上，设计和制造难度大，可靠性差；**三是**逆变器数量多，总故障率会升高，系统监控难度大；**四是**不带隔离变压器设计，电气安全性差，不适合薄膜组件负极接地系统。

集散式逆变器是一种新的逆变器形式，主要特点是将传统逆变器中 MPPT 跟踪与 DC/AC 逆变功能分离开来，同时实现"集中逆变并网"和"分散 MPPT 跟踪"。集散式逆变器兼具集中式逆变器的低成本和组串式逆变器地高发电量的优点。**一是**与集中式对比，分散 MPPT 跟踪技术减小了失配的概率，最大程度保证最大功率的输出；**二是**集散式逆变器具有升压功能，降低了线损；**三是**与组串式对比，集中逆变在建设成本方面更具优势。光伏逆变器对比如图 3.5 所示。

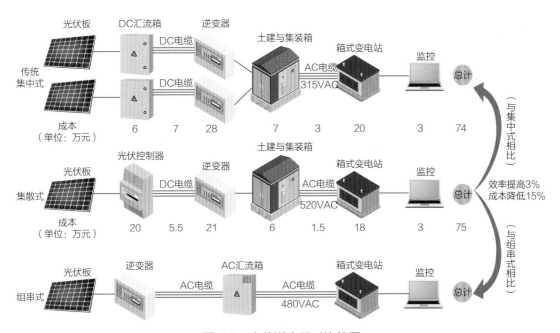

图 3.5　光伏逆变器对比简图

3.1.1.3　光伏电池分类

根据电池材料和制造工艺的不同，光伏电池可分为**第一代晶硅电池**、**第二代薄膜电池**和**第三代新型电池**，如图 3.6 所示。其中，第一代晶硅电池包括单晶硅电池和多晶硅电池。第二代薄膜电池包括硅基薄膜、碲化镉（CdTe）、铜铟镓硒（CIGS）和钙钛矿电池。

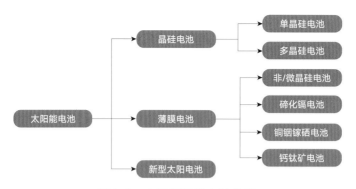

图 3.6　太阳能光伏电池分类

1. 第一代晶硅电池

第一代晶硅电池的组件被广泛应用于商业、民用领域，制造工艺成熟，是当前光伏产业的主流产品。**晶硅电池按照材料类型可分为单晶硅（c-Si）电池和多晶硅（mc-Si）电池**，如图 3.7 所示。

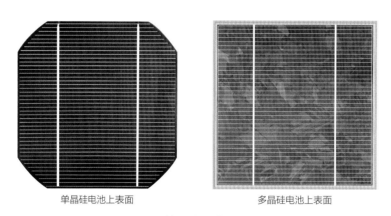

图 3.7　单晶硅和多晶硅电池

单晶硅电池工艺较为成熟，通常在厚度为 170～190μm 的高纯度（99.9999％以上）硅片上制成，成本相对较高。近年来，由于切割技术的发展，单晶硅光伏电池成本大幅降低，市场的占有率也快速提升。

单晶硅按照掺杂方式，可以分为磷掺杂的 N 型单晶硅电池和硼掺杂的 P 型单晶硅电池。N 型单晶硅电池较 P 型单晶硅电池具有技术优势：**一是** N 型材料中的杂质对少子空穴的捕获能力低于 P 型材料，相同电阻率的 N 型硅片的少子寿命比 P 型硅片的高出 1～2 个数量级，达到毫秒级；**二是** N 型材料的少子空穴的表面复合速率低于 P 型材料。但现阶段市场中 P 型单晶硅的产能大，价格更具优势。未来随着 N 型单晶硅生产规模的扩大和技术的进步，两者的生产成本将会越来越接近。

多晶硅电池中采用多晶硅作为吸收层，与单晶材料相比吸收层中晶界存在大量缺陷杂质，成为光生电子的"陷阱"，因此，多晶硅电池的效率低于单晶硅电池。多晶硅电池的制备方法与单晶硅电池相似，但对原材料质量要求有所降低，制作成本具有一定优势，并且仍有降低成本的空间。

市场中主流的晶硅电池技术包括以下几种：铝背场电池（Al-BSF）、钝化发射级和背表面电池（PERC）、发射极钝化和背面局域扩散电池（PERL）、具有本征非晶层的异质结电池（HIT）、背接触电池（IBC）等。

铝背场电池（Al-BSF）： PN 结制备完成后，在硅片的背光面沉积一层铝膜，称为铝背场。铝背场能够减少载流子在背光面复合的概率，也是背面的金属电极，如图 3.8（a）所示。

钝化发射级和背表面电池（PERC）： 采用 Al_2O_3 膜对背表面进行钝化，可以降低背表面复合，提高开路电压；增加背表面反射，提高短路电流，从而提高电池效率，如图 3.8（b）所示。

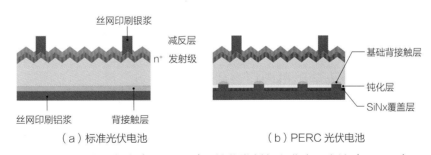

（a）标准光伏电池　　　　　　（b）PERC 光伏电池

图 3.8　铝背场电池（Al-BSF）、钝化发射级和背表面电池（PERC）

发射极钝化和背面局域扩散电池（PERL）： 正反两面都进行钝化，并采用光刻技术将电池表面的氧化层制作成倒金字塔型，两面的金属接触面都进行缩小，如图 3.9 所示。接触点进行硼与磷元素掺杂，减少背接触点处的载流子复合，且背面由于铝在二氧化硅上形成了反射面，使入射的长波光反射回电池体内，增加了对光的吸收。

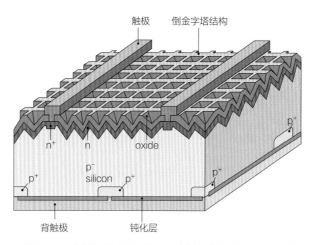

图 3.9　发射极钝化和背面局域扩散电池（PERL）

　　具有本征非晶层的异质结电池（HIT）是一种利用晶体硅基板和非晶硅薄膜制成的混合型电池。本征非晶层的异质结是在 P 型和 N 型非晶硅与 N 型硅衬底之间增加一层非掺杂（本征）非晶硅薄膜，采取该工艺措施后，改变了 PN 结的性能，使开路电压和转换效率进一步提高，并且全部工艺可以在 200℃以下实现。这种电池具有制备工艺温度低、转换效率高、高温特性好、弱光响应好的特点，是一种克服了传统硅电池缺点的高效电池，如图 3.10 所示。HIT 更能够适应复杂的光照环境，提升发电能力，是未来硅电池的发展新方向。

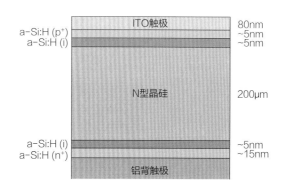

图 3.10　具有本征非晶层的异质结电池（HIT）

　　背接触电池（IBC）将正负两极接触金属转移至电池片背面，光伏电池正面不呈现金属线，避免了电池片正面电极的遮光损失。这种结构增加了有效发电面积，提升了发电效率，外观上更加美观，如图 3.11 所示。

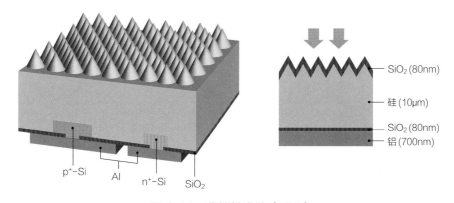

SiO₂(80nm)
硅(10μm)
SiO₂(80nm)
铝(700nm)

p⁺-Si   Al   n⁺-Si   SiO₂

图 3.11　背接触电池（IBC）

2. 第二代薄膜电池

第二代薄膜电池包括硅基薄膜电池、多元化合物薄膜电池［包括铜铟镓硒（CIGS）、碲化镉（CdTe）和砷化镓（GaAs）等］。薄膜电池中吸收层是光吸收系数为 $10^4 \sim 10^5$ 的非晶硅或半导体化合物，在厚度为晶体硅电池 1/100 的情况下既可对太阳光几乎完全吸收，在原材料节省方面体现出巨大优势。但由于发展起步较晚、工艺稳定性不足，薄膜电池组件的光电转化效率较低。由于薄膜电池十分轻薄，可以制造成柔性器件，在光伏建筑一体化（BIPV）等新型应用场景下发挥重要作用。

硅基薄膜电池中采用硅基薄膜作为其吸收层材料。吸收层厚度一般在百纳米到几微米量级，衬底可以是玻璃、陶瓷、不锈钢、塑料等廉价基底材料。硅基薄膜材料按照结晶特性可分为非晶硅薄膜、微晶硅薄膜和纳米硅薄膜；从材料角度可分为纯硅基薄膜和硅基薄膜合金（硅合金、硅碳合金等）。硅基薄膜电池中，非晶硅结构不稳定，光致衰减现象十分严重，造成其电池性能提升困难。

碲化镉 CdTe 薄膜电池中采用碲化镉作为其吸收层材料。其优点是带隙为 1.4eV，能与太阳辐射光谱良好匹配；薄膜结晶性良好，晶粒尺寸为微米级，因此吸收层载流子复合损失小；CdTe 电池制备工艺简单、成本低；CdTe 材料具有较强的化学稳定性和热稳定性，制备得到电池效率不衰减。然而现阶段 CdTe 电池难以大量投产，其原因一是碲（Te）在地球中探明储量低，在大规模电池片生产中不能做到可持续发展；二是镉（Cd）有剧毒，对环境产生污染、对人类健康产生危害。

铜铟镓硒 CIGS 薄膜电池采用铜铟镓硒、铜铟硒等 I-III-VI 族半导体作为其吸收层材料。其优点包括：光电转换效率高，实验室最高效率为 23.35%，制备得到组件效率达到 19.2%；吸收层禁带宽度可调，可根据电池其他膜层带隙变化进行调整，使 PN 结带隙结构能够与光谱匹配良好；稳定性好，能够、抗辐射能力强、弱光特性好。近年来，CIGS 电池在薄膜太阳电池中发展迅速，然而其具有大面积均匀性较差、组件热损耗高、生产设备成本高的问题，CIGS 的产业化生产仍需要大量投资与研究。

砷化镓 GaAs 薄膜电池以砷化镓为吸收层材料，其优点是光电转换效率高，单结 GaAs 电池、耐高温、耐放射性极佳，能够应用于卫星、空间探测器等军工领域。然而砷化镓一般采用离子束外延等方法进行薄膜制备，制备技术成本高，在太空领域内应用较多，但难以应用于民用电站。

3. 第三代新型太阳能电池

新型光伏电池是一些仍处于探索、开发与创新阶段的低成本、超高效概念性太阳电池，主要包括钙钛矿电池、染料敏化电池和有机电池等。

钙钛矿薄膜电池是以有机／无机杂化卤化物钙钛矿薄膜材料为吸收层的薄膜电池。现阶段新型太阳电池技术仍停留在实验室阶段，距离工业化生产仍有巨大差距。以钙钛矿太阳电池为例，钙钛矿吸收层材料成本低、制备工艺不复杂，近年来实验室进展迅猛，现在世界效率纪录达到 25.2%，具有良好前景。然而由于有机吸收层材料不稳定，在大气下容易分解。钙钛矿电池会在短时间内发生严重性能衰减，其大面积产业化发展十分困难。另外钙钛矿电池具有毒性，含铅材料的使用会对环境造成巨大危害。

染料敏化电池采用染料光敏化剂作为吸收层材料，将太阳能辐射转化为电能，其光电转换过程类似于绿色植物的光合作用。其优点是耗能较少、生产成本低、易于工业化生产、无毒无污染；缺点是转换效率低、稳定性差，仍处于技术开发阶段。

有机太阳电池采用可感应光的有机聚合物作为吸收层材料，其优点是光吸收系数高、成本低、质量轻、制作工艺简单、可制备成柔性器件；缺点是能量转换效率低、稳定性差和强度低。

4. 各种电池的对比

目前，晶硅电池技术已经较为成熟，各种技术路线呈现多样化发展态势，占到全部市场份额的 90% 以上，其中多晶硅占 50%，单晶硅占 40%。薄膜电池正处于快速发展阶段，效率和价格竞争力正不断提升。

全球各类主要太阳能电池效率发展趋势如图 3.12 所示，近 10 年来晶体硅电池转换效率保持平均每年 0.5% 的提升速度。2019 年，单晶和多晶硅电池的最高转换效率分别达到 26.7% 和 23.2%。薄膜电池中，砷化镓电池转换效率最高，达到 29.1%，市场主流的铜铟镓硒薄膜电池最高转换效率达到 23.35%，见表 3.1。由于材料带隙结构等内在差异、制备过程中大面积均匀性差、设备成本过高等原因，薄膜太阳电池性能仍低于晶硅电池。截至 2019 年年底，单晶硅和多晶硅电池组件的最高转换效率分别为 24.4% 和 19.9%，铜铟镓硒薄膜电池组件最高转换效率达到 19.2%。

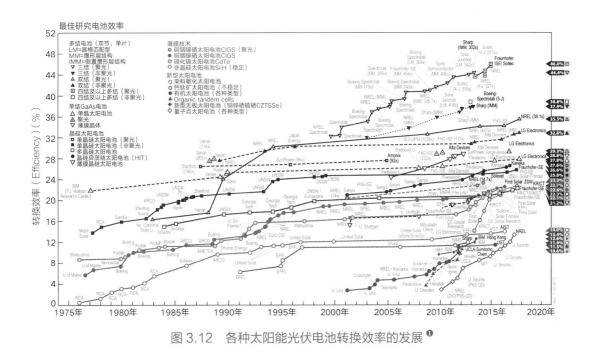

图 3.12　各种太阳能光伏电池转换效率的发展 ❶

---

❶ 美国国家可再生能源实验室（NREL）. Best Research-Cell Effciencies [EB/OL]. http://www.nrel.gov,2018.

表 3.1　2019 年单结电池及组件最高转换效率 ❶

分类	电池转换效率（%）	电池组件转换效率（%）	厂家/实验室	面积（cm^2）
晶硅				
单晶硅	26.7	24.4	Kaneka	79.0
多晶硅	23.2	19.9	Fraunhofer ISE/Trina Solar	247.79
薄膜电池				
非晶硅	10.2	—	AIST	1.001
微晶硅	11.9	—	AIST	1.044
碲化镉 CdTe	21	18.6	First Solar	1.0623
铜铟镓硒 CIGS	23.35	19.2	Solar Frontier	1.043
砷化镓 GaAs	29.1	25.1	Alta Devices	0.998
钙钛矿	25.2	11.6	KRICT/ Toshiba	0.0937

总体来看，晶体硅电池的优点是转换效率较高、占地面积小，缺点是能耗高、转换效率达到瓶颈、高温下硅电池工作效率低下；薄膜电池的优点是质地轻盈、可以制备于任意基底上，应用场景丰富，缺点是转换效率低，造成度电成本提高，不能大量投产。

3.1.2　关键技术

光伏发电关键技术主要涉及四个方面，**一是光伏电池制造相关技术**。对于晶硅电池，关键技术是制绒技术、减反射膜技术、背触极技术、吸杂和钝化技术、丝网印刷、电镀法、激光转印法、喷膜法来降低光损失、载流子复合损失和串并联电阻损失，提高转换效率；对于薄膜电池，关键技术包括两点。

（1）CdTe 电池中吸收层制备技术工艺进一步优化、CdS 层结构调整等。

（2）CIGS 电池中，组件电池中吸收层缺陷钝化、带隙调整、阻挡层的无镉材料替换，大面积均匀性的调整以及柔性基底上 CIGS 电池制备工艺研究。另外通过硅电池、薄膜电池中带隙不同电池的多 PN 结的叠层制备，能够扩展可

---

❶ Green M A，Ewan D. Dunlop，Dean H. Levi，et al. Solar cell efficiency tables（version 55）[J]. Progress in Photovoltaics Research & Applications，2019，21（5）：565-576.

吸收的太阳光谱范围，实现单 PN 结的理论效率突破。

二是光伏电站的运行和维护技术。随着光伏电站规模扩大、光伏组件数量增多，提高光伏电站的整体发电效率、降低光伏电站电量损失成为光伏电站运行技术的关键。影响光伏电站整体发电效率的主要因素有温度系数、灰尘和遮挡、组件匹配、逆变器效率和电能传输损耗等。解决上述问题的关键技术包括高效 / 高可靠性的大功率 DC/DC 变换器；太阳自动跟踪技术；电站布局、组串匹配、设备选型等方面的精细化设计；电站的自动化运维技术（包括无水自动清洗机器人、专家故障诊断系统）等❶。

三是提升光伏电站在极端环境下适应性的技术。全球太阳能资源最为丰富的区域主要集中在沙漠、戈壁、高原等自然环境较为恶劣的地带，极低温、强风力、高辐射、多扬尘等极端环境，对光伏组件的性能和电站的运行维护都提出了极高的要求。提升极端环境下光伏组件性能的关键技术主要包括增加防护钢化玻璃强度、调整钢化玻璃在不同波段下的透光率；增强封装材料（EVA、PVB 等）化学稳定性、黏度和耐低温性能；增强背板的低温机械强度、韧性及抗老化性能等。

四是网源协调技术。光伏发电与火电、水电等传统发电技术有较大区别，如受光照影响，光伏发电具有波动性和间歇性，大规模光伏电站并网对电网的电压、频率会产生影响；光伏组件通过电力电子器件接入电网，会造成电网转动惯量减少；电力电子器件对电网的扰动较为敏感，故障情况下容易造成光伏大规模脱网。另外，分布式光伏的快速发展，对传统的电网运行情况分析、负荷预测、调度方式安排等方面都会产生一定影响。研究光伏电站的并网友好型技术是实现网源协调的关键，包括功率预测、虚拟惯量控制、无功补偿、故障穿越等。光伏发电领域的关键技术如表 3.2 所示。

❶ 中国科学技术协会 . 2014—2015 动力与电气工程学科发展报告 [M]. 中国科学技术出版社，2015.

表 3.2　光伏发电领域关键技术

分类	部件		关键技术
光伏电池	提高光伏电池转换效率	晶硅电池	制绒技术、减反射膜技术、背触极技术、铝背极技术、吸杂和钝化技术、丝网印刷、电镀法、激光转印法、喷膜法
		薄膜电池	CdS 层结构调整、吸收层缺陷钝化、带隙调整、无镉材料替换、柔性基底上 CIGS 电池制备技术、多 PN 结的叠层制备技术
光伏发电系统	提高光伏电站运行能力		高效 / 高可靠性的大功率 DC/DC 变换器、太阳自动跟踪装置、精细化设计、电站的自动化运维技术
	提升极端环境下光伏电站的性能		增加光伏玻璃密度和降低光伏玻璃透光率；增强封装材料（EVA 胶膜）化学稳定性、黏度和耐低温性能；增强背板的低温机械强度、韧性及抗老化性能
	并网运行		无功补偿、频率波动、故障穿越、虚拟惯量、次同步谐振、短路电流、功率预测、太阳能发电调度

3.1.3　工程案例

1. 装机容量最大的光伏电站

截至 2017 年底，全球已建装机容量大于 150MW 的光伏发电工程共 53 项，其中装机容量最大的是中国腾格里沙漠太阳能电站，总装机容量为 1547MW。该电站将光伏发电和沙漠治理、节水农业相结合，开创了全世界沙漠光伏并网电站的成功先河，对于当地治理沙漠环境和发展新能源产业都有十分重要的意义，具有良好的经济、环境和社会效益。

图 3.13　腾格里沙漠光伏电站

2. 全球最大规模的水光互补光伏电站

龙羊峡水光互补光伏电站位于青海省海南州共和县，其中水电装机容量1.28GW，光伏装机容量850MW。光伏发电生产区共分为9个部分，2013年一期320MW竣工，2015年二期530WM竣工，占地面积20.4km²，生产运行期为25年，项目建造成本约60亿元。该电站的优势是水电与光伏发电协调运行，利用水光互补，从电源端解决了光伏发电稳定性差的问题[1]。

3.2 需求与趋势

全球太阳能资源开发潜力巨大。据全球能源互联网发展合作组织评估，全球太阳能光伏资源理论蕴藏量约为208313PWh/a，技术可开发量达到2.6PW。

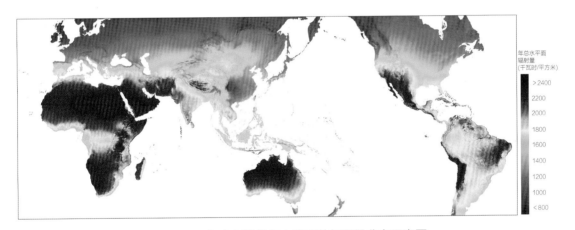

图 3.14　全球太阳能年水平面总辐照量分布示意图

如图 3.14 所示的全球太阳能年水平面总辐射照量（GHI）分布，由图可知，美国西部、澳大利亚西部、中国西南部、西亚和北非地区、非洲撒哈拉沙漠及南部地区、智利和阿根廷西部地区的光照资源丰富，适宜开发光伏资源。近年来，全球太阳能光伏电站建设蓬勃发展。根据国际可再生能源协会（IRENA）统计，截至 2018 年年底，全球光伏累计装机容量为 480GW，同比增长 24.4%，如图 3.15 所示。

---

[1] 搜狐 . 龙羊峡大坝建 "世界最大光伏电站" [EB/OL]. http://https://www.sohu.com/a/129576460_519191，2017-3-21.

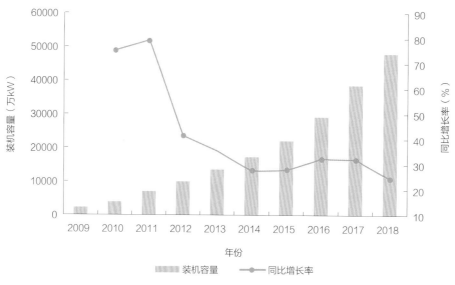

图 3.15　全球光伏每年新增及累计装机容量 ❶

　　根据《全球能源互联网研究与展望》成果，预计到 2035 年，全球太阳能发电装机容量将达到 4.89TW，占全球总装机的 30%；到 2050 年，太阳能发电装机容量将达到 10.9TW，占比提高至 42%。结合全球太阳能资源分布，具备大规模开发条件的太阳能基地主要分布在北部非洲、南部非洲、西亚、中国西部、美国西部、墨西哥、智利和澳大利亚北部等太阳能资源富集区域。全球大型太阳能光伏基地布局如图 3.16 所示。

　　随着太阳能资源的大规模开发，未来光伏发电技术需要在提高发电效率和极端环境下适应性方面取得进一步发展和突破。

　　提升发电效率，一直是光伏技术发展的最重要目标。近年来光伏发电的装机规模在不断增加，但转换效率的进步并不显著。在光伏发电系统中，总效率由太阳能电池组件的光电转换效率、控制器效率、蓄电池组效率、逆变器效率等多个因素共同决定，其中电池组件的光电转换效率最关键，实际运行工况中仅有 20% 左右，提升空间较大。提升光伏发电效率，可以有效降低太阳能开发对土地的占用和材料的消耗，提高电站的发电量和经济性，为大规模发展奠定基础。

---

❶ International Renewable Energy Agency. Renewable capacity statistics 2019[R]. Abu Dhabi: IRENA，2019.

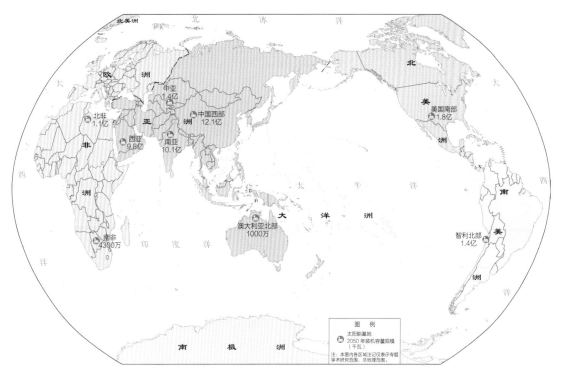

图 3.16　全球大型太阳能光伏基地布局示意图 ❶

　　在提升极端环境适应性方面，结合全球太阳能资源分布，资源富集地区普遍自然环境恶劣，如高温、干旱、扬尘多发的非洲撒哈拉沙漠地区，高海拔、低温、高辐射的青藏高原地区等。为了开发当地优越的太阳能资源，光伏电站要直接暴露在低温、强风、高辐射、多扬尘等不同的极端环境中，对核心部件在极端条件下的稳定性、可靠性提出了极高的要求。提高光伏组件等核心部件对恶劣环境的适应能力，将有效推动太阳能资源富集地区的开发，减少对高价值土地资源的占用，提高光伏发电的经济竞争力。同时还能为在更多场景下发展光伏发电提供了可能性，如为极地、太空的设施提供电力等。

---

❶ 全球能源互联网发展合作组织 . 全球能源互联网研究与展望 [R]. 北京：中国电力出版社，2019.

3.3 技术难点

3.3.1 提升太阳电池转换效率 ❶

根据肖克利—奎伊瑟原理，PN 结太阳电池的吸收层材料最佳带隙为 1.4eV 左右，除了光吸收能力外，半导体材料的带隙结构等性能是太阳电池吸收层材料选择的重要选择依据。除了吸收层材料的基本物理性能外，太阳电池因制备工艺产生的物理性能变化也对制备得到电池的效率有显著影响，将电池效率降低的原因分为光损失、载流子复合损失、串并联电阻损失等。针对这些损失的电池制备工艺和技术革新是提升太阳能电池转换效率的突破点。

在材料选择方面，一是虽然自然界中物质元素种类较多，但具有光伏效应的材料很少，极难被发现；**二是**某些具有光伏效应的材料在自然界中存在较少，制造成本高；**三是**某些具有光伏效应的材料具有毒性，限制了大规模开发和使用。

在光损失方面，主要有反射损失、遮光损失和投射损失。反射损失是指入射到光伏电池表面的部分光线会通过表面反射的方式损失掉，因此电池的光电转换效率有所降低，以硅电池为例，制备工艺中会对硅片表面进行形貌设计，以提高光吸收；遮光损失是指光伏电池正面的银电极及其金属栅线会对入射太阳光产生遮挡，一般会造成约 5%～10% 的太阳能辐射损失，因此印刷电极形状设计、印刷工艺改进是技术突破难点；透射损失指入射到光伏电池的光除了转化为电能和反射外，部分光线还可能穿过电池从背面透射出去，产生透射损失，背反射层的添加、材料工艺研发是技术突破难点。另外，**多结太阳电池**能够拓展光谱吸收范围，突破单结 PN 结太阳电池的理论极限，是未来太阳电池进一步效率提升的重要方向。

---

❶ 种法力，滕道祥 . 硅太阳能电池光伏材料 [M]. 化学工业出版社，2015.

在载流子复合损失方面，根据复合区域不同，其损失主要分为界面复合、耗尽层内复合与体内复合。太阳电池在光照下产生光生载流子，光生载流子在内建电场作用下向 PN 结两端移动并被电极所收集、对外供电。光生载流子在向电极移动过程中会受到太阳电池内不同区域的缺陷"陷阱"所影响发生复合，因此少数载流子（光生载流子）在太阳电池中寿命有限，少子寿命对电池的转换效率有显著影响。减少载流子复合损失、提高少子寿命的难点在于提高光伏电池半导体材料的制造和加工工艺，减少电池不同层间界面缺陷、吸收层内部缺陷，避免电子空穴对在参与导电前发生复合。

在串并联电阻损失方面，光伏电池的 PN 结自身、电极材料都存在电阻，将半导体与电极进行连接还会产生接触电阻，这些都属于串联电阻，在电池工作时会产生焦耳热损失。如果 PN 结的质量不好或在结附近有杂质，会使电池产生短路，产生漏电流，降低电池效率，这种现象可以等效为电池的并联电阻。串联电阻越大、并联电阻越小电池的转化效率也越低。减少串并联电阻损失的难点在于量化分析串联电阻和并联电阻对转化效率的影响，研究串并联电阻阻值优化的算法。

3.3.2 提升极端环境适应性 ❶

光伏组件的使用寿命和发电性能受环境因素影响明显，包括氧气浓度、温度、光照、相对湿度以及外力冲击等。其中背板、光伏玻璃、封装材料等部件易受温度和光氧老化现象的影响造成性能降低和寿命下降，是制约光伏组件环境适应性的关键因素。受这些因素制约，光伏发电技术的应用范围还有一定限制。例如在太阳能资源丰富的青藏高原或极地等极端低温、强辐射的特殊场景下，如何提高组件的寿命和性能，是光伏发电技术研究的难点。

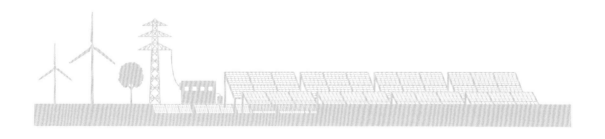

❶ 黄慧，冯相赛，钱伟峰，等.光伏组件耐极端气候环境性能的研究综述[J].太阳能，2020，314（006）: 1-5.

钢化玻璃的主要作用是保护光伏电池免遭各种恶劣因素的破坏，同时玻璃自身具有高透光性，再进一步进行表面镀膜处理进行增透减反，使电池吸收光能不受影响，现在有技术能对钢化玻璃表面镀膜处理，过滤红外、紫外等难以被光伏电池转化的太阳光谱波段，其目的是起到隔热作用以及对内部组件结构的紫外保护。极端环境对防护钢化玻璃的影响包括以下四点。

一是钢化玻璃受外力撞击的影响较大，容易因风压、冰雹等的撞击而破裂。若光伏组件应用在南极地区，常年的强风与暴雪的冲击很容易造成钢化玻璃破裂，导致其保护性能失效，影响光伏组件的安全性和使用寿命。

二是钢化玻璃长时间处于潮湿环境下会发生水解，生成氢氧化钠和硅酸凝胶，氢氧化钠会腐蚀、损坏镀膜层，硅酸凝胶则会粘附在玻璃上，二者均会导致钢化玻璃的透光率大幅下降。

三是强烈的紫外辐射会促使钢化玻璃表面镀膜层的有机物的氧化和分解，引起膜层起皱、开裂、脱落和玻璃表面的彩虹斑，使光伏玻璃的透光率出现衰减。

四是在极端低温环境中，透过膜层进入玻璃基底的水分容易结冰，对光伏组件内部结构造成损坏；雪粒、冰雹的冲击也会导致玻璃膜层损伤，最终导致透光率下降。

封装材料的作用是将光伏电池、铜锡焊带、背板及光伏玻璃等通过真空层压技术黏结在一起。目前，光伏组件应用最广泛的封装材料包括聚乙烯 - 聚醋酸乙烯酯共聚物（EVA）、聚乙烯醇缩丁醛酯（PVB）等，其中 EVA 是晶硅电池中广泛使用的封装材料，在封装、户外使用过程中具有良好效果；PVB 主要应用于薄膜电池、双玻组件、光伏建筑一体化等领域，然而 PVB 层压工艺中对温度要求高（155℃），相比 EVA 层压工艺只需要常温下完成，PVB 价格较高，经济性较差。

　　两种封装材料仍有一定不足，在电站长期工作环境下，其性能劣化对电池性能有明显影响。EVA 受到环境的影响主要有两方面：**一是**在强紫外线照射下极易发生脱乙烯反应并生成乙酸与烯烃，加快 EVA 的老化和变色，腐蚀光伏组件的焊带、背板和电极，使光伏组件由无色透明逐渐变化成黄色甚至深褐色，从而影响组件的透光率和输出功率，导致转换效率和使用寿命下降。**二是** EVA 胶膜的脆性温度为 -30～-50℃，当温度降到脆性温度以下时，EVA 胶膜表现出脆性，少许的外力、较小的形变就会使其受到破坏损坏封装在其内部的光伏电池。并且在极低温度下 EVA 黏结性能严重下降，引起光伏组件发生脱层。

　　PVB 的气体阻隔性、黏结性能均良好，并且不受紫外线影响，其耐候性相比 EVA 有优势。PVB 仍有一定缺点，一是对于水汽阻隔性能差，尽管光伏玻璃能够良好阻绝水汽，在长期电站工作中对光伏电池片仍有损害。二是层压技术中需要高温，工艺成本较高，现阶段晶硅电池仍然采用 EVA 作为其封装材料。

　　光伏背板位于光伏组件的背面，主要起到保护和支撑太阳电池的作用。目前光伏行业较常用的背板采用 TPT（聚氟乙烯复合膜）材料，共分为 3 层，即 PVF（聚氟乙烯薄膜）—PET（聚酯薄膜）—PVF 结构。PVF 与 PET 的脆性温度都在 -70 ℃左右，在极端低温下其弹性会大幅降低，导致其承受外力冲击的能力下降，从而会产生隐裂或磨损，保护性能也会受到影响。在强紫外辐射下，外层保护层产生裂纹会使中间层直接与户外环境接触，造成 PET 产生水解及光氧老化现象，最终导致其保护性能下降。

　　光伏逆变器能够将光伏电池的直流电转化为交流电，是光伏发电系统中的重要组成部分，然而在极端温度环境下，普通逆变器不能正常工作，光伏逆变器内原件在极低、极高温度可能发生损坏。另外，在极端环境下输出功率不稳定，电力电子设备在工作中更加容易产生谐波，对电网与负载产生不利影响。

3.4 经济性分析

3.4.1 成本构成

从全寿命周期的视角看，光伏发电项目成本包括初始投资、运维成本和金融成本，其中初始投资包括设备及安装成本、建设成本、并网成本、土地成本等，详见表 3.3。设备及安装成本主要指光伏组件、支架、逆变器等设备采购及安装费用；建设成本除了光伏电站的建筑费用外，还包括设计费用、前期费用、工程监理费用、环境保护和水土保持工程费用；土地成本主要是土地租赁费用；并网成本包括输电线路及变压器等相关费用。

从是否受技术水平影响的视角看，电站的总成本可分为技术成本和非技术成本两类。其中，**技术成本**包括设备成本、建设成本以及运维成本，约占总成本的 65%~75%。**非技术成本**指通过政策或规定的调整可以减免的成本，包括并网费用、土地费用、前期费用、融资成本等，占总成本的 25%~35%。光伏电站的初始投资各项占比如图 3.17 所示。由图可知，光伏组件占比最大，约46%；其次是建筑安装费用和支架的费用，分别占约 22% 和 11%。

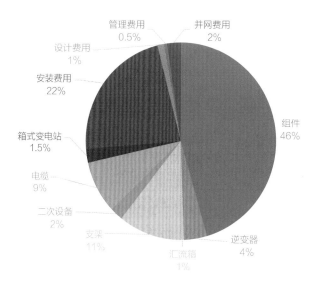

图 3.17　光伏电站初始投资组成

表 3.3　光伏电站经济性影响因素

分类	影响因素	
技术参数	利用小时数、项目年限、组件光衰	
初始投资	设备及安装成本	组件、支架、逆变器、汇流箱、二次设备、电缆、箱变
	建设成本	建筑费用、设计费用、管理费用、前期费用
	并网成本	输电线路、变压器
	土地成本	土地租赁费用
金融成本	融资成本（贷款利率）	
运维成本	配件费用、修理费用、管理费用、工资等	
政策条件	税费、收购电价、上网电价、补贴等优惠政策	

3.4.2　度电成本

全球光伏的度电成本呈现逐年下降的趋势。2009 至 2019 年间，全球固定式光伏电站的度电成本从 35.5 美分 /kWh 下降至 5.1 美分 /kWh，追踪式光伏电站的度电成本从 34.1 美分 /kWh 下降至 4.6 美分 /kWh，下降幅度均超过 86%。

2018 年全球不同国家的度电成本如图 3.18 和图 3.19 所示。从全球范围看，欧洲地区的度电成本为 5~9 美分 /kWh，同比变化幅度较小。亚太地区的度电成本为 7~16 美分 /kWh，高于欧洲地区。相较于 2017 年同期，2018 年亚太地区的光伏度电成本都有不同程度的降低。由于光照资源等因素，美洲智利、墨西哥和秘鲁等国家的光伏度电成本仅为 6~7 美分 /kWh。

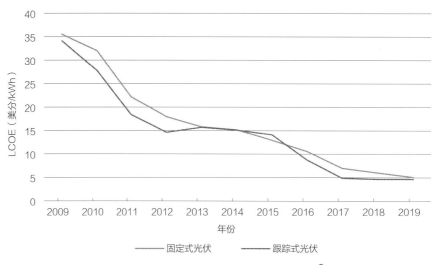

图 3.18　全球光伏度电成本变化趋势 ❶

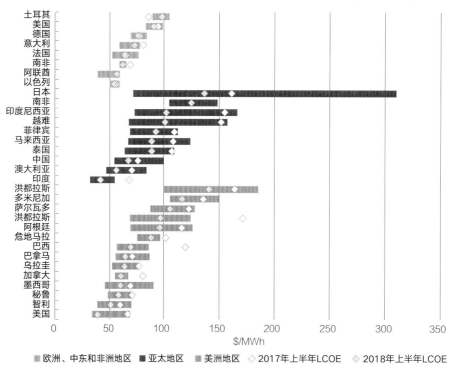

图 3.19　全球不同国家光伏度电成本 ❶

❶ 彭博新能源财经（BNEF）：1H2020 Solar PV LCOE UPDATE[R]NewYork：BNEF，2019.

3.5　发展前景

3.5.1　技术研判

3.5.1.1　技术发展趋势

对于晶硅电池， 技术呈现多样化发展趋势。P 型 PERC 组件为主、P 型双面逐渐成为主流；PERT/PERL/HIT 产能逐渐增加。N 型晶硅电池技术开始进入小规模量产，技术发展较快，包括使用 PERT 技术的 N 型晶硅电池、HIT 异质结电池和 IBC 等背接触电池将是未来电池发展的主要方向。HIT+IBC 电池将成为下一代开发重点方向，如果制造工艺和生产线设备取得突破，电池成本即将大幅度下降。

提高晶硅电池转换效率技术的关键评价指标包含：减反射膜技术、吸杂和钝化技术、铝背场技术、制绒技术和背触极技术。预计到 2035 年，转换效率为 27% 的晶硅电池组件将趋于成熟，单 PN 结晶硅电池基本达到极限效率水平，如图 3.20 所示。

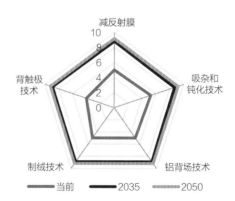

图 3.20　转换效率 27% 的晶硅电池组件技术成熟度评估雷达图

对于薄膜电池， 采用砷化镓（GaAs）材料的组件转化效率最高，但由于电池成本昂贵，大规模应用受限，多应用于卫星、空间探测器等特殊领域。铜铟镓硒（CIGS）原料成本低廉、器件性能优良、制备工艺简单，是主流的薄膜电池技术路线，到目前为止，效率基本保持每年 0.5% 左右的速度提升。

提高薄膜电池转换效率技术的关键评价指标包含：吸收层带隙调整工艺、无镉电池制备工艺、吸收层缺陷钝化、柔性电池制备和组件实用化等。**预计到 2035 年，**铜铟镓硒薄膜电池效率进一步提高，初步实现规模应用，组件转换效率将稳步增长，达到 22%。**到 2050 年，**随着电池材料技术的突破和生产工艺的进步，铜铟镓硒薄膜电池组件转换效率继续提升到 25% 左右，见表 3.4，其技术成熟度评估如图 3.21 所示。

表 3.4　单结电池未来转换效率

分类	2019 年 [1]	2035 年	2050 年
电池转换效率			
晶硅电池	26.7%	28%	28.5%
薄膜电池（CIGS）	23.35%	25%	27%
电池组件转换效率			
晶硅电池	24.4%	27%	27%
薄膜电池（CIGS）	19.2%	22%	25%

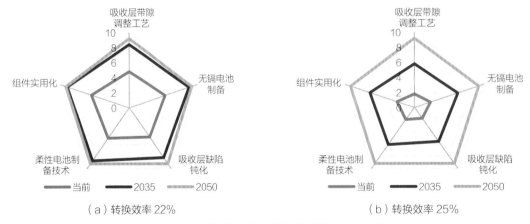

（a）转换效率 22%　　　　（b）转换效率 25%

图 3.21　高效薄膜电池组件技术成熟度评估雷达图

对于新型电池，经过多年在概念、机理、材料、器件等方面的研究积累，各类新型高效光伏电池已经从实验室走向中试示范阶段。未来钙钛矿电池、钙钛矿、薄膜电池的叠层电池、Ⅲ-Ⅴ族化合物电池等新型电池产业化技术有望逐步实现产业化；前沿的染料敏化电池、有机电池、量子点电池、硒化锑电池、

❶ Green M A , Ewan D. Dunlop , Dean H. Levi , et al. Solar cell efficiency tables (version 54)[J]. Progress in Photovoltaics Research & Applications, 2019, 21(5):565-576.

铜锌锡硫电池、单带差超晶格电池等新型电池的高效制备技术也将是光伏发电技术的重要发展方向。

　　开发新型多结叠层电池是突破单 PN 结电池转换效率理论极限的关键。多结叠层电池技术关键评价指标包含：带隙匹配与电池结构设计、窄带隙吸收层制备、叠层电池中间层制备、新型电极、组件实用化等。预计到 2050 年，转换效率 35% 的多结叠层电池将趋于成熟，如图 3.22 所示。

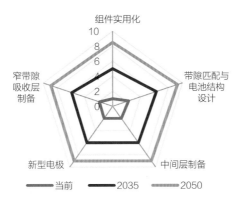

图 3.22　转换效率 35% 的多结叠层电池组件技术成熟度评估雷达图

3.5.1.2　攻关方向

1．提升光伏电池转换效率

　　提高转换效率是未来光伏电池技术主要发展方向。晶硅电池、薄膜电池（含硅基薄膜电池、CdTe 电池、CIGS 电池等）、新型太阳能电池等由于特性不同，将在不同时间阶段、占领不同特定市场。目前，晶体硅电池的市场份额超过 95%，未来 10 年仍将是市场主流。薄膜电池技术在近年来转换效率提高明显、厚度明显降低，能够开辟光伏应用的新场景，未来市场份额将逐渐扩大。提高光伏电池转换效率的主要攻关方向是降低光伏电池的光损失、载流子复合损失、新型太阳电池的研发突破。

在材料选择方面，低成本、无毒、高效率是研发目标。Si、CIGS、有机物太阳电池中涉及材料均为地球中高丰度元素，原材料获取难度低、并且无毒无害。CdTe、GaAs 等太阳电池中的 Te 元素在地球中丰度低，Cd、As 等元素会造成环境污染与人类健康危害，不利于大量投产。针对低成本、无毒的光伏电池材料需要加快研发第三代新型光伏材料的制备及其配套生产技术，优化器件设计、提高制备工艺，增加材料的可靠性。

在降低光损失方面，研发基于纳米压印等新技术的光陷阱结构设计方案，提升电池表面结构化技术水平，增加电池对光能的吸收率；研发基于 SiO_2、TiO_2 以及 Si_3N_4 等材料的新型减反射膜技术，降低表面入射光的损失。突破微电极制造技术，或研发点触式方法实现正负极在电池背面布置，减少遮光损失。优化叠层电池的设计，兼顾电池带隙、晶格、光电流以及各电池厚度的匹配问题，拓展太阳电池在光谱中的吸收范围。

在降低载流子复合损失方面，对于晶硅电池，减少体内复合损失的攻关方向是选择适当的掺杂浓度，提高吸杂和钝化技术水平、提高晶体的纯度、减少缺陷和杂质，同时降低减少晶体缺陷对载流子寿命的影响。针对表面复合损失，攻关方向是在研发新型硅表面介质膜。热氧钝化、原子氢钝化、利用磷、硼、铝的表面扩散等进行钝化的技术均能有效形成介质膜，减少载流子在表面发生复合的概率。针对电极区复合，攻关方向是提高电极区掺杂浓度，降低少数载流子在电极区的浓度，降低在此区域复合的概率。对于薄膜电池，攻关方向是提高工艺制备水平，提高晶粒尺寸，减少晶界缺陷杂质；通过调节吸收层内带隙梯度、掺杂碱金属元素等方法能够改善吸收层内载流子复合问题，然而相关研究仍处于实验室阶段，需要将其应用于大规模投产工作中去。

在研究新型太阳电池方面，攻关方向包括钙钛矿太阳电池、多结太阳电池、中间带隙太阳电池、量子点太阳电池、热载流子太阳电池等。其中，有关于钙钛矿太阳电池，其重要研究方向是提高钙钛矿太阳电池在大气中的稳定性、无铅材料替换；有关于多结太阳电池，其重要研究方向是不同带隙吸收层的选择与匹配，解决吸收层生长过程中的晶格失配问题，新型电极制备、中间层制备技术问题。

2. 提升极端环境适应性 [1]

研究新型的防护用钢化玻璃制备工艺，通过调控玻璃原料配方中二氧化硅、氧化钠和氧化钙等主要原料含量提高钢化玻璃密度、抗冲击性，降低极端环境下强风、暴雪等外力冲击造成的光伏玻璃破碎的风险。另外通过降低玻璃中铁的含量、适量添加 CeO_2 等添加剂，改变钢化玻璃对不同波段太阳光的透过率，主要目的是提高钢化玻璃在可见光范围内的透过率，并降低紫外线的透过率，保护电池片、EVA 材料等不被强紫外线破坏，同时提高光伏组件的转换效率与使用寿命。

改进封装材料 EVA 制造工艺，解决 EVA 的老化、变色问题，提高 EVA 胶膜使用寿命。通过对耐老化剂、稳定剂、交联剂等制备工艺添加剂的改进，解决紫外线下 EVA 胶膜的老化变色问题，并且增加 EVA 胶膜的化学稳定性和环境适应性，提高 EVA 胶膜的体积电阻率和机械强度等技术参数，提高其耐低温性能。针对 PVB 等其他封装材料，需要进一步对其材料改性、工艺研发，降低层压工艺成本，提高其在大规模生产中的经济性。

研发基于新材料的光伏背板，加强低温机械强度、韧性及抗老化性能，提高光伏组件对极端气候环境的长期耐受能力，保证组件的使用寿命和发电性能。

3.5.2　经济性研判

3.5.2.1　影响因素分析

1. 技术成本

光伏发电项目的技术成本中组件成本占比最大，超过 50%。近十年来，中国光伏产业链技术进步显著，组件转化效率提升，硅料、硅片、电池片等价格大幅下降。以全球单、多晶组件龙头厂商晶科能源、天合光能为代表，晶硅组件销售价格由 2011 年的 1714 美元 /kW 降至当前的 286 美元 /kW，累计降幅 90% 左右。

---

[1] 黄慧，冯相赛，钱伟峰，等 . 光伏组件耐极端气候环境性能的研究综述 [J]. 太阳能，2020，314（006）：1-5.

受益于全球经济一体化，各国光伏组件价格差异逐步缩小。目前，巴西和印度本国的光伏产业链不完整，在硅料、硅片生产环节没有企业涉及，仅在电池片环节和组件环节有一些产业布局，国内存在光伏组件产品的供应缺口。两国已成为中国电池片和组件重要的出口市场。巴西光伏组件市场份额排名前十名的组件商，中国公司占据了8家，分别是晶科、阿特斯、比亚迪、晶澳、协鑫、正泰、隆基乐叶、天合[1]。印度排名前十的组件供应商中国公司占据了7家，分别是正信光电、晶澳、协鑫、东方日升、隆基乐叶、阿特斯和昱辉阳光[2]。

2. 非技术成本

不同国家对光伏发电项目支持力度各异，非技术成本相差很大。近年来，光伏技术成本大幅下降，非技术成本占总成本的比重不断上升。表3.5列出了缺少光伏支持政策的国家、对光伏支持力度一般的国家和对光伏支持力度大的国家间非技术成本差异情况的对比[3]。

表3.5 不同国家光伏开发非技术成本对比

序号	项目	缺少政策支持国家	支持力度一般国家	支持力度大国家
1	土地费用	土地租赁费：1.07~1.5万美元/（hm²·a）	土地租赁费：4000~8500美元/（hm²·a）	不需要缴纳土地租赁费
2	并网费用	143~286美元/kW	86~143美元/kW	光伏电站外送线路和升压站由电网公司建设
3	金融成本	贷款利率：10%~20%	贷款利率：10%~12%	长期贷款利率：0.5%~2%
4	前期费用	286~500美元/kW	86~286美元/kW	无此项费用

对比来看，主要存在四个方面的差别，**一是**土地成本，积极国家一般都出台了土地优惠政策，为光伏电站建设提供免费土地，目前中国光伏特许权项目的土地成本约为855美元/（hm²·a），在缺少政策支持国家甚至高达1.5万美元/（hm²·a）；**二是**并网成本，支持力度大的国家一般规定电站送出线路和

[1] Greener. Strategic Study/Utility Scale-Brazilian PV Market 2019 [R]. Brasilia：Greener，2019.
[2] Mercom India Research. India 2019 Solar Market Leaderboar[R]. New Delhi：Mercom，2019.
[3] 中国光伏行业协会秘书处，赛迪智库集成电路研究所. 2018—2019年中国光伏产业年度报告 [R]. 北京：CPIA，2019.

升压站由电网公司出资建设；**三是**金融成本，支持力度大的国家一般可为光伏项目提供低息甚至贴息贷款，融资成本低，中国民企光伏项目的贷款利率一般在 7%～10%，缺少政策支持国家的贷款利率（计及再保险等成本）高达 20%；**四是**前期费用，支持力度大的国家一般都简化了项目审批，流程公开透明，而在缺少政策支持国家，仍存在这部分费用。东南亚和非洲的一些国家，项目前期费用甚至会占到工程总费用的 1/3 以上，高达 500 美元 /kW。另外，支持力度大的国家也制定了相关的政策保障光伏的全额消纳。

本报告以太阳能资源条件较好的国家为例，包括埃及、利比亚、摩洛哥、纳米比亚、南非、阿联酋、巴西、阿根廷、墨西哥、葡萄牙、印度和澳大利亚等，其太阳能水平总辐射（GHI）一般在 2200～2400kWh/(m^2·a)，分析不同非技术成本水平对光伏度电成本的影响，结果见表 3.6。

3.5 发展前景

表 3.6　不同非技术成本水平对光伏度电成本比较

分类	内容	单位	缺少政策支持国家	支持力度一般国家	支持力度大国家
并网费用	并网接入	美元 /kW	214	100	0
土地费用	土地租赁	美元 /kW	214	86	0
前期费用	前期开发	美元 /kW	500	286	0
金融成本	贷款利率	%	12%	10%	2%
资源条件	利用小时数	h	2200	2200	2200
度电成本		美分 /kWh	13	6.5	1.6

经测算，缺少政策支持国家的光伏度电成本很高，为 13 美分 /kWh。在这些国家，由于投资风险大，投资者倾向于采取提高内部收益率（投资回报率）、缩短投资回收期的经营策略，考虑税费等因素，上网电价高达 15 美分 /kWh 以上；光伏支持力度一般的国家度电成本为 6.5 美分 /kWh，光伏支持力度大的国家度电成本为 1.6 美分 /kWh。从测算结果来看，在资源条件好、非技术成本低、有融资优惠的国家开发光伏，光伏上网电价可以达到甚至低于 2 美分 /kWh，而在营商环境差、缺少政策支持的国家，光伏上网电价会高达 15 美分 /kWh，甚至更高。非技术成本差异是造成全球各国光伏度电成本差异的主要原因，降低非技术成本对推动光伏规模化发展至关重要。

| 专栏 3-1 | 中国光伏度电成本测算与分析 |

　　根据中国光伏设备价格和其他辅助工程投资，采用中国 I 类资源区条件（1800h）测算光伏度电成本。其中，设备成本 299 美元/kW（其中，组件价格 193 美元/kW），非技术成本 114 美元/kW。经测算，光伏度电成本 3.6 美分/kWh。进一步采用中国现行财税制度，测算项目的上网电价（含税）为 4 美分/kWh，与中国政府公布的 2019 年最近一批 I 类资源区光伏发电项目竞价结果（3.99 美分/kWh）基本相当，但总体来看仍明显高于国际上一些积极政策国家的中标价格。

表 3.7　中国光伏上网电价测算参数及结果

分类	内容		参数	单位
初始投资	设备费用		299	美元/kW
	建设费用	建筑费用	45	美元/kW
		设计费用	3	美元/kW
		监理费用	1	美元/kW
		前期费用	43	美元/kW
	土地费用		36	美元/kW
	并网费用		50	美元/kW
运维成本	运维费用		0.003	美元/kW
金融成本	贷款利率		4.9%	%
技术参数	资源条件		1800	h
上网电价（含税）			4	美分/kWh
度电成本			3.6	美分/kWh

专栏 3-2 全球光伏上网电价屡创新低

2019 年 7 月底，葡萄牙公布了 24 个中标的光伏招标项目，容量共计 1.15GW，其中最低中标电价为 1.48 欧分 /kWh（1.64 美分 /kWh），这是迄今为止全球最低的光伏上网电价。西班牙公共事业公司中标了 7 个项目，是中标最多的公司；其次是法国的昂库公司（Akuo）中标了 370MW 项目。所有中标的项目需要在 2022 年建成。

2019 年 7 月 5 日，巴西 A-4 可再生能源拍卖的光伏平均中标电价 1.75 美分 /kWh。此次可再生能源拍卖中，最终有 400MW 可再生能源项目成功中标并签署了长期售电协议（PPA）。其中包含 5 个太阳能项目，共 20.3 万 kW，包括 163MW 光伏项目位于巴西东北部塞阿腊洲（Ceará），40MW 光伏项目位于巴西内陆米纳斯吉拉斯洲（Minas Gerais），最低价格 1.688 美分 /kWh，平均价格为 1.75 美分 /kWh。这 5 个光伏项目需要在 2023 年 1 月之前并网。

2017 年印度国家热电公司（NTPC）在安德拉邦（Andhra Pradesh）25 万 kW 项目，法国能源公司（ENGIE）以 3.15 印度卢比 /kWh（4.9 美分 /kWh）中标。2018 年 7 月，印度的未来能源英雄公司（Hero Future Energies）以 2.44 印度卢比 /kWh（3.6 美分 /kWh）中标印度拉贾斯坦邦光伏项目（Bhadla Solar Park）。

2018 年 11 月，迪拜的太阳能公园（Mohammed bin Rashid Maktoum）第四期 5GW 工程，沙特能源公司（ACWA Power）中标的 950MW 光伏电站的购电价格确定为 2.4 美分 /kWh。

近年来，世界范围内光伏发电价格屡创新低，除了技术进步、成本下降等因素外，政策支持、商业运作的因素也不容忽视。

3.5.2.2　初始投资和度电成本预测

　　光伏发电项目的技术类投资变化规律相对明显，非技术类投资不确定性因素多，规律相对复杂。报告结合基于技术成熟度分析的"多元线性回归 + 学习曲线拟合"法和基于"深度自学习神经元网络"算法的关联度分析和预测两种方法，建立**二元综合评估模型（RL-BPNN）**，将技术类投资和非技术类投资进行解耦分析，报告结合近 10 年历史数据和对光伏发展趋势的技术研判结果，对未来光伏发电初始投资水平进行预测，结果如图 3.23 所示。随着光伏组件价格的大幅度下降，光伏电站初始投资呈下降趋势。图中 2020 年之前的数据点代表了线性回归和用于神经元网络训练的历史数据，生成的预测包络线是对未来项目投资估算结果的可能范围。

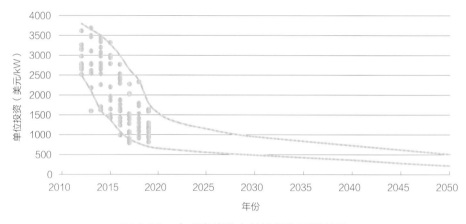

图 3.23　全球光伏发电基地投资预测结果

　　通过对历史数据的统计分析，从 2008 年至今，设备投资已经下降了 90%。随着光伏组件转换效率的提升，生产工艺进步和产业链完善，光伏电站投资仍然有下降的空间。根据上述模型预测，到 2035 年，光伏电站的设备及安装成本将下降 33% 左右，建筑工程成本将下降 30% 左右，征地费用和前期费用等非技术成本下降 35% 左右，光伏电站全球平均初始投资降至 420 美元 /kW；到 2050 年，光伏电站的设备及安装成本下降 62% 左右，建筑工程成本下降 60% 左右，征地费用和前期费用等非技术成本下降 59% 左右，光伏电站全球平均初始投资降至 240 美元 /kW，如图 3.24 所示。

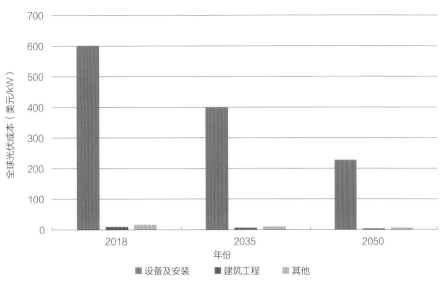

（a）各项成本下降趋势

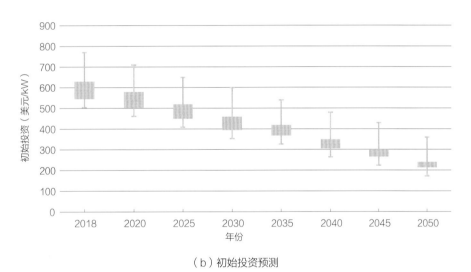

（b）初始投资预测

图 3.24　光伏电站初始投资预测

　　结合基于 RL–BPNN 二元综合评估模型对未来光伏电站初始投资水平的预测结果，报告采用光伏度电成本计算方法，详见附录 3。综合考虑技术参数、成本参数、财务参数、政策参数等四部分主要影响因素，对光伏发电的平均度电成本水平进行预测，结果如图 3.25 所示。

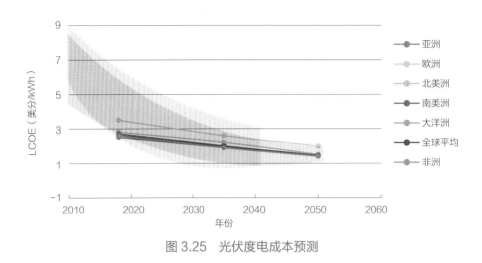

图 3.25　光伏度电成本预测

　　考虑到光伏组件成本进一步下降、组件转换效率提升和运维 / 建设成本降低，预计到 2035 年，全球规模化开发的光伏基地平均度电成本有望降至 2.0 美分 /kWh；到 2050 年，平均度电成本降至 1.5 美分 /kWh，经济性进一步提升。在太阳能资源更加富集、政策支持力度大的国家或地区，如西亚约旦、北非埃及、南美智利等地，光伏基地度电成本有望低至 1 美分 /kWh。

4 光热发电技术

太阳能热发电技术（Concentrating Solar Power，CSP，以下简称光热发电）是除光伏发电外另一种常见的太阳能发电技术。其原理是通过反射太阳光到集热器进行太阳能的采集，再通过换热装置产生高压过热蒸汽来驱动汽轮机进行发电，实现"光—热—电"的转化。为了应对太阳能的间歇性与波动性，光热电站一般会配备储热子系统，保证稳定的电力供应。

4.1 技术现状

4.1.1 技术概述

4.1.1.1 技术发展历程

1950 年，苏联设计了世界上第一座太阳能塔式光热电站，并建造了小型试验装置。20 世纪 70 年代，由于石油危机的影响，太阳能发电等清洁能源发电技术受到重视。光热发电由于原理简单，技术相对成熟，部分国家投资兴建了一批试验性光热发电站。1976 年，欧洲共同体委员会启动了光热发电可行性研究，并于 1981 年在意大利西西里岛建成了全球第一座兆瓦级太阳热发电实验示范电站——艾瑞里奥斯（Eurelios）（额定容量 1MW）。1984 年全球第一座商业化槽式光热电站——SEGS I 在美国加利福尼亚州莫哈维（Mojave）沙漠投入运行，电站额定容量 14MW。据不完全统计，1981—1991 年，全世界建造的光热发电站（500kW 以上）约有 20 余座，最大装机容量达 80MW。其中，美国和以色列联合成立的路兹光热发电国际有限公司在美国加利福尼亚州沙漠先后建成 9 座槽式光热电站，总装机容量 353.8MW。在此期间，光热电站的初始投资由 5976 美元 /kW 降到 3011 美元 /kW，度电成本从 26.5 美分 /kWh 降到 12 美分 /kWh[1]。

20 世纪 80 年代中期，随着石油危机的缓解，通过对已建成光热发电站进行技术总结，业界普遍认为光热发电在技术上可行，但投资过大且造价降低空

---

[1] 本社 . 中国电力百科全书 [M]. 中国电力出版社，2014.

间小，光热发电站的发展逐渐陷于停滞。直至 2007 年，才又相继重新开启光热电站的建设，美国投运了槽式光热电站——内华达太阳能一号（Nevada Solar One），该电站装机容量 75MW，使用了 18200 面槽式发光镜把太阳的能量聚集到 18240 个吸热管中。同年，西班牙建成位于 Granada 的 Andasol 光热电站，该电站建有三台装机容量 50MW 的槽式光热发电机组，其主要特点是使用了双塔式熔盐（60% 的硝酸钠 +40% 的硝酸钾）储热系统。储热塔高 14m，直径 36m，内装约 28500t 的熔盐，可保证电站在无日光状态下全负荷持续运行 7.5h，大幅增加了电站的运行时间。2007 年 6 月，欧洲首座商业性太阳能光热发电站西班牙 PS10 塔式光热电站正式投运。2013 年 3 月，沙姆斯一号（Shams I）光热发电站在阿联酋麦迪娜扎特耶德（Madinat Zayed）正式并网发电，装机容量 100MW；10 月，Sloana 槽式光热发电站在美国亚利桑那州正式投运，装机容量 280MW，系统配装两个 140MW 汽轮机。2014 年 2 月，美国伊万帕（Ivanpah）太阳能发电站投入运行，装机容量达 392MW。2016年 2 月，美国新月沙丘塔式太阳能电站并网运行，装机 110MW，配 10h 储热系统。2018 年，中国多个光热项目并网运行，如中广核德令哈 50MW 槽式光热电站、中控德令哈 50MW 塔式光热电站等。2018 年 12 月 28 日，首航节能敦煌 100MW 塔式熔盐光热电站于并网发电，该电站配置 11h 熔盐储热系统，镜场面积约 140 万 m²，是目前亚洲装机容量最大的光热电站[1]。光热发电历史如图 4.1 所示。

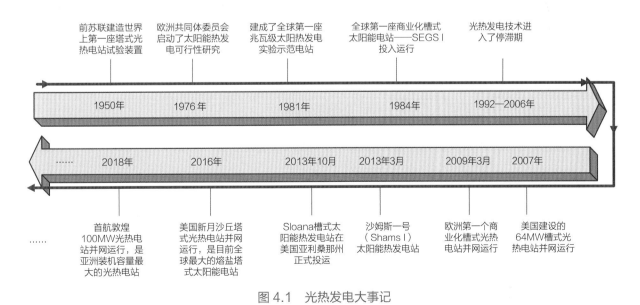

图 4.1　光热发电大事记

[1] CSPPLAZA. 太阳能光热发电的历史演变 [EB/OL].http: //www.cspplaza.com/article-39-1.html，2015-05-21/2020- 05-20.

4.1.1.2 光热电站构成

　　光热电站通常可以分成聚光集热环节、传热储热环节、发电环节 3 个子系统，通过传热介质实现各个环节之间能量的传递，如图 4.2 所示（以槽式光热发电为例）。聚光集热环节通过反射镜将太阳光汇聚到太阳能收集装置，进而加热收集装置内的传热介质；传热介质进入发电环节再将水加热形成过热蒸汽后带动发电机发电；传热介质也可以流入储热设备进行热交换实现热存储或热释放。

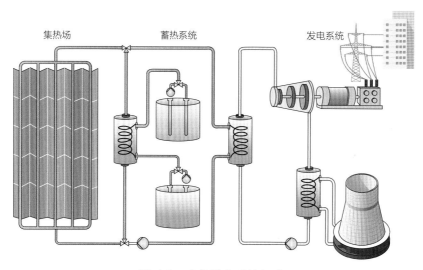

集热场　　　　　　蓄热系统　　　　　　　　发电系统

图 4.2　光热发电系统组成

　　集热环节收集太阳辐射并将其转化为热能，通常由聚光场和吸热器构成。目前，光热电站的集热环节主要有四种技术形式：槽式、塔式、碟式和菲涅尔式。传热介质可采用水 / 蒸汽、矿物油或熔盐等，早期的无储热光热电站通常采用水 / 蒸汽作为传热介质可直接驱动汽轮机，减少热交换环节。

　　传热储热环节是用于传递、存储和释放热量的子系统，在太阳辐照强时，将集热环节收集的热量一部分通过换热器将水加热成过热蒸汽驱动汽轮机发电；另一部分富余的热量进行存储，在太阳辐照不足时再释放出来，能够有效平抑太阳能辐照的间歇性，增加光热电站的发电时间。传热和储热介质可采用显热储热、相变储热和化学储热等多种技术，目前较为成熟的包括矿物油、熔盐以及石英岩等，相比水 / 蒸汽储热和传热效率都更高。储热容器可分为单罐式和双罐式两种。单罐式储热中冷热态储热介质在同一容器中，通过可移动隔层或储热介质的温度过渡层实现隔热。双罐式系统冷，热态储热介质分别在两个罐中，可独立进行控制。

发电环节将收集到的热能通过能量转换装置转换为电能，除蝶式光热电站一般采用斯特林发动机之外，其他光热电站发电环节与常规火电机组原理基本一致，采用换热器将水加热成过热蒸汽，然后通过朗肯循环机组进行发电。

4.1.1.3　光热发电技术分类

不同光热发电技术的区别主要体现在集热环节，因此可以分为四类：**槽式、塔式、碟式和线性菲涅耳式**，如图 4.3 所示 ❶。槽式、塔式和线性菲涅尔式光热电站的装机容量可以达到数 MW 级以上，而碟式光热电站的装机容量通常在 10kW 左右，仅适用于分布式发电。

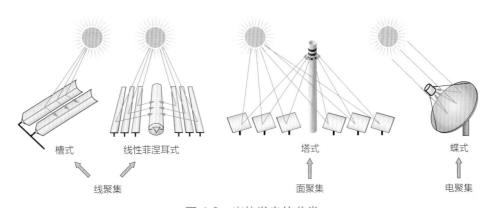

槽式　　　　线性菲涅耳式　　　　塔式　　　　蝶式

线聚集　　　　　　　　面聚集　　　　电聚集

图 4.3　光热发电的分类

4.1　技术现状

1. 槽式光热发电技术 ❷

槽式光热发电利用多个串并联排列的抛物面槽式聚光器汇聚太阳光至位于抛物面焦线处的吸热管，加热管内传热介质，传热介质在蒸汽发生器加入循环水形成过热蒸汽，再驱动汽轮机组发电，如图 4.4 所示。槽式光热发电较为成熟，是最早实现商业化运行的光热发电技术。

---

❶ IEA AND IRENA. Concentrating Solar Power Technology Brief [R]. Abu Dhabi：IRENA，2013.
❷ 本社 . 中国电力百科全书 [M]. 中国电力出版社，2014.

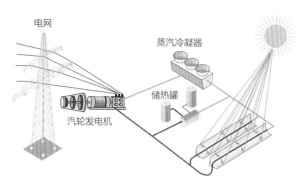

图 4.4　槽式光热发电系统

　　槽式光热发电系统的特点包括两点：一是可通过多个聚光吸热装置的串、并联，构成较大容量的光热发电系统；二是聚光比不高，传热介质温度也难以提高；三是热传递回路长、热损耗大，系统综合效率较低。

2. 塔式光热发电技术

　　塔式光热电站的集热环节由定日镜、支撑塔、吸热器、传热介质及传热管线等设备构成，通过多台跟踪太阳运动的定日镜，将太阳辐射反射至放置于支撑塔上的吸热器，加热传热介质，再利用传热介质加热蒸汽推动汽轮机发电，如图 4.5 所示。

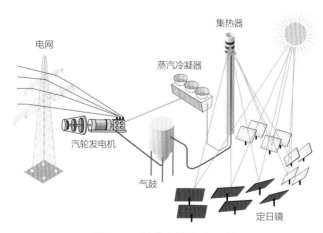

图 4.5　塔式光热发电系统

塔式光热发电技术的主要特点包括四个方面：一是聚光比较高，容易实现较高的系统工作温度；二是热损耗少，综合效率高；三是适合于大规模、大容量商业化应用；四是一次性投入大，装置结构和控制系统复杂，成本较高。

3. 碟式光热发电技术

碟式光热发电技术利用碟式聚光器将太阳光聚集到位于焦点处的热头，加热热头内的传热介质（通常为氢气或氦气），驱动发电机发电，如图 4.6 所示。蝶式光热发电设备受限于聚光器的尺寸，通常单机容量较小（10kW 左右），一般采用斯特林机进行发电。目前，碟式光热发电的技术的成熟度较低，仍处于工程示范阶段。

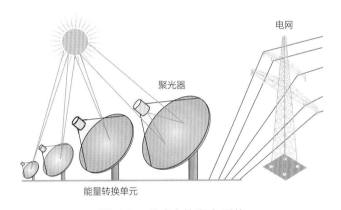

图 4.6　碟式光热发电系统

碟式光热发电技术的主要特点包括：一是聚光比高，传热介质可达到较高的温度，发电效率高；二是可单独运行作为分布式发电系统使用，也可以进行模块化组合，形成兆瓦级的电站并网发电；三是每台碟式单元直接进行热电转换，难以配置储热设备，如果要实现电站出力可调节，需要配置化学电池等其他储能设备。

4. 线性菲涅尔式光热发电技术

线性菲涅尔式光热电站结构类似于槽式，用可以多个跟踪太阳运动的菲涅尔式反射镜代替抛物面槽式聚光器，将太阳辐射聚集到位于焦线处的吸热管中，加热传热介质进行热力循环发电，如图 4.7 所示。目前，菲涅尔式光热发电技术的产业化程度仍然较低，商业运作的电站较少。

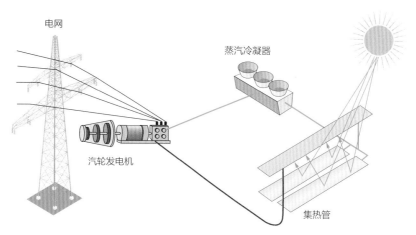

图 4.7　线性菲涅尔式光热发电

线性菲涅尔式发电系统的特点包括：一是聚光器采用较为便宜的平面反射镜代替抛物面槽式反射镜，平面反射镜的支撑结构更加简单，耗材少，因此整个镜场的成本更低；二是线性菲涅尔式反射镜位置是固定的，倾角微小，可以保持结构稳定性，减少风阻，且聚光器离地面近，风载荷低；三是系统聚光比较低、工作温度低、系统效率不高。

四种类型光热发电技术参数比较见表 4.1。**在装置方面**，抛物面槽式和线性菲涅尔式光热发电都属于线聚焦系统，耗材少，易于实现工业标准化批量生产和安装。对太阳能跟踪采取单轴跟踪，跟踪精度低，装置简单。但系统结构庞大、抗风性能略差，且对地面坡度的要求较高，一般要求地面坡度不超过 1%。塔式和碟式光热发电属于点聚焦系统，采用双轴跟踪，聚光镜的控制较为复杂。**在聚光比方面，**由于线聚焦比点聚焦分散，散热面积大，其辐射损耗随温度的升高而增加，热损耗大。线聚焦式的聚光比较小，一般在 50 左右，而采用点聚焦的塔式光热电站聚光比可到几百，碟式聚光比可从几百到上千。**在传热介质温度方面，**槽式和线性菲涅尔式的传热介质温度在 400℃ 左右，属于对太阳能的中低温利用，而塔式和碟式的传热介质温度在 500~1000℃，发电效率较高且储热的温度区间较大。

表 4.1　四种主要光热发电技术参数比较 ❶

	槽式	塔式	碟式	线性菲涅尔式
对光照资源要求	高	高	高	低
聚光比	10～100	>1000	500～3000	—
介质温度（℃）	260～400	500～1000	500～1500	—
传热介质	导热油、熔融盐、水 / 蒸汽	导热油、熔融盐、水 / 蒸汽	氢气、氦气	导热油、熔融盐、水 / 蒸汽
储热	可	可	否	可
机组类型	蒸汽轮机	蒸汽轮机	斯特林机、布雷顿机	蒸汽轮机
动力循环模式	朗肯循环	朗肯循环	斯特林循环、布雷顿循环	朗肯循环
水耗（km³/MWh）	3	3	0	2
商业化程度	已商业化	已商业化	已商业化	示范项目

4.1.2　关键技术

光热发电关键技术主要涉及以下两个方面。

一是提高光热发电设备性能。光热发电系统包含的设备较多，主要有集热场设备（例如槽式光热电站的吸热管、塔式光热电站的定日镜）、发电系统设备和蓄热系统设备。

对于集热环节，关键技术包括提升聚光设备聚光比的各类技术，如槽式光伏电站抛物面聚光器的设计和制造，塔式光热电站定日镜的太阳追踪技术等，用于提高太阳能的收集效率；高性能集热器的设计和制造技术，包括槽式光热电站真空集热管的玻璃与金属封装、真空维持及选择性吸收膜制备技术等，降低热量收集过程中的损失；高性能传热介质的研发及配套技术，提高传热介质温度，提升系统热电转换效率。

---

❶ 李良君王欣等 . 光热发电技术基础 [M]. 机械工业出版社，2017.

对于储热环节，关键技术是新型储热介质的研发及应用，以增强光热电站的储热能力，提高电站利用效率和灵活性。显热储热方面，包括熔融盐蒸汽发生器设计，熔盐泵、储热系统的优化设计控制等技术；混凝土、陶瓷等固体储热材料的大规模制备工艺等。潜热储热方面，包括石蜡、有机醇类、熔融盐等高性能的相变材料的制造技术、高可靠性显热—潜热复合储热技术、潜热储热单元及储热系统协调优化技术、潜热储热的系统级控制技术等。化学储热方面包括探索具备工程化应用潜力的化学反应，高效率的化学反应器和化学储热系统的设计技术、系统集成技术等。

对于发电环节，关键技术包括高效的小型斯特林发电机设计与制造技术，以超临界 CO_2 为介质的布雷顿循环发电机设计、制造、优化控制技术等。

二是光热电站的优化控制和运维技术。光热电站环节繁多，相互之间的协调、配合、优化策略复杂，通常需要经过长期试运和不断修正才能达到较好的运行效果；不同环节设备较多、特性各异，对各类设备的运行维护也要求较高。光热电站的优化控制和运维技术对提高电站发电效率至关重要。例如，塔式光热电站海量定日镜的协调优化控制技术，保证集热器温度在合理范围内；特殊环境条件下提高光热电站的抗风沙能力和系统保温能力的关键技术等。

光热发电领域的关键技术见表 4.2。

表 4.2　光热发电领域关键技术

分类	环节	关键技术
光热设备	集热环节	高性能槽式集热器设计与制造、槽式真空集热管玻璃与金属封装、真空维持及选择性吸收膜制备技术、新型传热介质及配套技术等
	储热系统	新型储热介质研发、储热系统优化控制等
	发电环节	斯特林发电机设计与制造、超临界 CO_2 布雷顿循环发电技术
系统优化控制及运维	控制	塔式电站定日镜场精密控制技术、新型跟踪技术
	运维	抗风沙技术、系统保温技术、境场自动化清洁技术

4.1.3 工程案例

1. 西班牙 PS10 塔式光热电站

西班牙 PS10 塔式光热电站位于西班牙南部，装机 1.1 万 kW，采用水作为传热和储热介质，储热环节装设了 4 个水箱，在没有阳光的情况下，可以维持电站以 50% 的负荷连续发电 50min。电站于 2007 年 6 月正式投运。

2. 美国伊万帕塔式光热电站

伊万帕（Ivanpah）光热电站是全球装机容量最大的塔式光热电站，包括 3 台光热机组（2×133MW+126MW），总装机容量 392MW。电站共计安装 17.5 万套定日镜，总采光面积达到 260 万 m^2，采用水介质传热，无储热环节。该项目由 NRG 能源公司、谷歌公司和亮源（Bright Source）能源公司合作经营，总投资 22 亿美元，其生产的电力可供给 14 万户家庭使用，2014 年 2 月 13 日正式开始运行。电站的基本参数见表 4.3。

图 4.8　伊万帕塔式光热电站

表 4.3　伊万帕塔式太阳能电站基本技术参数

技术参数	技术指标	技术参数	技术指标
额定功率（MW）	392	储热时间	无
塔高（m）	140	冷凝方式	空冷
集热器介质	水 / 蒸汽	占地	14.16km²
定日镜	175000×15m²	年发电量（GWh）	1079.232
镜场面积（m²）	2600000	—	—

3. 美国新月沙丘塔式光热电站

新月沙丘电站位于美国拉斯维加斯城北部，是全球装机容量最大的熔盐塔式光热电站，装机容量 110MW。该项目共计安装 17170 套定日镜，总采光面积 1071361m²。采用熔盐作为传热和储热介质，储热时长 10h，年发电量达50 万 MWh，足够供应 75000 户普通家庭的日常用电需求，项目总投资 8 亿美元。内华达州最大的电力公司 NVEnergy 公司为该电站的电力承购方，PPA 协议购电年限为 25 年，协议电价为 0.135 美元 /kWh。项目于 2011 年 9 月开工，2016 年 2 月并网发电。电站的基本参数见表 4.4。

表 4.4　新月沙丘塔式太阳能电站基本技术参数

技术参数	技术指标	技术参数	技术指标
额定功率（MW）	110	蓄热时间	10h
塔高（m）	198	冷凝方式	水冷
传热介质	熔融盐	占地	6.475km²
定日镜	10347 个，单个面积 115.7m²	年发电量（GWh）	500（预计）
镜场面积（m²）	1197148	—	—

4. 首航节能敦煌塔式光热电站

首航节能敦煌光热电站位于中国敦煌市西南，项目占地 8 万 m²，镜场的面积 140 万 m²，共装有 1.2 万面定日镜；储热环节采用熔盐储热，储热时间 11h；发电装机容量为 100MW，年发电量约是 390GWh。该工程于 2018 年 12 月正式并网投运。

图 4.9　首航节能敦煌光热电站

4.2 需求与趋势

全球太阳能光热资源丰富，全球太阳能法向直接辐照量（DNI）分布如图
4.10 所示。美国西部、澳大利亚西部、中国西北部、西亚和北非地区、非洲
南部地区、智利和阿根廷西部地区的光照资源丰富且地形平坦，适宜开发光热
发电。

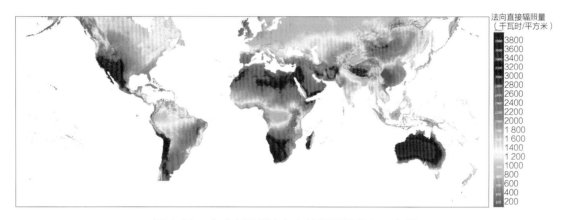

图 4.10　全球太阳能法向直接辐照量分布示意图

近年来，全球太阳能光热建设蓬勃发展。国际可再生能源协会（IRENA）
统计，截至 2018 年底，全球光热累计装机容量为 546.9 万 kW，2018 年增长
率达到 10.4%，如图 4.11 所示。

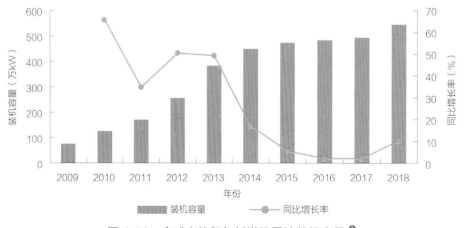

图 4.11　全球光热每年新增及累计装机容量 ❶

---

❶ International Renewable Energy Agency. Renewable capacity statistics 2019[R]. Abu Dhabi:
　IRENA，2019.

　　根据《全球能源互联网研究与展望》成果，预计到 2035 年，全球风电、太阳能装机占比将分别达到 23% 和 30%；到 2050 年分别提高到 26% 和 42%。风电、光伏等电源大量并网，将对电力系统安全稳定运行带来冲击，主要体现在两个方面。一是风电、光伏发电出力具有间歇性和波动性且难以准确预测，影响系统的调峰、调频能力；二是风机、光伏电站等都通过电力电子设备接入电网，大规模接入可能带来次同步谐振、谐波等问题。

　　光热发电同样为清洁能源发电技术，但不会产生风电和光伏并网所带来的的问题。光热电站通过配置储热设备，可以实现发电与太阳光辐照的解耦，出力可控可调，能够为系统提供调峰、调频服务；光热电站的发电环节与传统火电相似，采用汽轮机带动同步发电机，不需要电力电子器件并网，不会产生谐波、谐振问题，而且可以向电网提供惯量支撑。根据《全球能源互联网研究与展望》成果，预计到 2035 年，光热发电装机将达到 50GW；到 2050 年，将超过 400GW。

　　目前，光热发电对太阳能资源条件要求较高，且电站整体发电效率偏低、成本较高，影响了光热发电技术的大范围推广应用。光热发电是实现"光—热—电"能量转化的成套技术，电站结构复杂，涉及太阳光收集、介质循环、换热储热、蒸汽发电等多种设备。因此，提高每个环节的效率和加强系统整体的优化协调，提高整体发电效率是光热发电技术未来主要的发展方向。在光热转换环节，提高光学聚光比是主要发展趋势；在热电转换环节，提升光热系统的温度等运行参数是提高效率的关键。随着光热电站的逐渐推广，带动形成材料研发、设备制造、系统集成、工程应用的完整产业链，实现度电成本的下降，使光热发电成为未来高比例清洁能源系统重要的组成部分。

4.3 技术难点

4.3.1 提高光学聚光比

光热发电的光学聚光比（也称通量聚光比）是指聚集到吸热器采光口平面上的平均辐射功率密度与进入聚光场采光口的太阳法向直射辐照度之比。提高聚光比可以显著提高光热发电电站的发电量，降低系统度电成本。目前槽式光热电站采用槽形抛物面线聚焦反射镜，聚光比为 10 ~ 100；塔式光热电站采用带有双轴太阳追踪系统的定日镜和中央集热塔，聚光比大于 1000；碟式光热电站将平面反射镜布置成碟形，聚光比为 500 ~ 3000。

聚光装置是光热发电系统中不可或缺的重要组成部分，其功能在于跟踪、捕捉、聚焦和投射太阳光，为整个系统提供所需的太阳能。其中，反射镜和跟踪装置是提高光热电站聚光比的关键技术。反射镜是将光能转换为热能的设备，例如槽式发电系统的反射镜、塔式发电系统的定日镜等，其性能的优劣将直接影响光热发电系统的聚光比；跟踪装置是对反射镜进行组合、控制，提高其聚光效率，对光热系统的聚光比也有显著影响。未来，反射镜和跟踪技术的改进和创新是提高集热环节聚光比的关键。

在反射镜方面，对于塔式和蝶式光热，定日镜由反射镜、镜架及基座、跟踪传动机构和控制系统等部分组成，其中反射镜是定日镜的核心组件。从镜面形状来看，由于太阳光是锥形光，为使阳光经定日镜反射后能够把 95% 以上的反射阳光聚集到集热器内，不产生过大的散焦，反射镜需要形成一定弧度的曲面。合理的镜面形状可以有效消除太阳光斑的相差，提高聚光比。从材料来看，目前主要采用玻璃镀银镜面，反射率可达 97%，但在户外的环境容易引起退化，提高镜面的抗冲击性能、机械强度、稳定性以及抗污能力，是镜面制造和维护的关键技术难点。对于槽式光热，聚光器由多个曲面反射镜拼接形成抛物面反射镜，包括单层钢结构反射镜和复合结构反射镜两种。单层结构反射镜通常由单层抛物柱面超白玻璃镀银制成的反射镜；复合结构反射镜由背板、黏合材料和反射材料组成。受到材料性能、生产工艺、安装误差、支架变形等因素的影响，提高镜面反射比、反射镜面形精度和反射面面形精度是技术难点。

在跟踪装置方面， 光热系统的跟踪装置主要由四部分组成：一是定位单元负责探测、瞄准太阳方位，并及时将太阳方位信息传送给控制单元；二是控制单元由信号转换、放大、电机控制 3 个环节组成，负责根据太阳方位确定跟踪策略并向驱动单元下达指令；三是驱动单元由电机、减速器组成，执行控制单元下发的指令并与执行单元联动；四是执行单元是太阳跟踪装置的载体，最终实现对太阳的跟踪。根据机构自由调整的维度数目，跟踪系统常分为单轴跟踪与双轴跟踪两类。光学跟踪控制策略复杂，对驱动电机的响应速度和运行精度要求高，跟踪执行情况易受外部因素影响以及与反射镜需要协调配合，这些都是跟踪装置在实际应用中存在的技术难点。

4.3.2 优选传热储热介质

传热储热环节是光热电站的重要组成部分，传热储热介质是这一环节的关键，必须满足三方面条件[1]：一是热力学性能好，低熔点（不易凝固，保温简单），高沸点（稳定，使用温度范围广），导热性能好，比热容大（蓄热能力强），黏度低（易于输送）；二是化学性能好，热稳定性好，腐蚀性小，与容器、管路材料相容性好，无毒，不易燃不易爆；三是经济性好，便宜易得，成本低廉。

---

[1] 朱建坤. 太阳能高温熔盐传热蓄热系统设计及实验研究 [D]. 北京：北京工业大学，2006.

目前，光热电站可选的传热储热介质主要包括水蒸气、液态金属、热空气、导热油、熔盐等。这些介质各有优缺点，详见表 4.5。例如当水汽化后对设备的耐压要求很高，导致系统成本增加；导热油也存在使用温度上限时对应的蒸气压很大，须用压力容器来存储，另外导热油在高温段易分解，对管路造成腐蚀和堵塞；液态金属（汞、铋、钠及钾等）的使用温度范围宽泛，导热率高，吸 / 放热性能好，但比热容相对较小，有的有剧毒，价格昂贵，与容器的相容性不好；热空气的使用温度范围宽泛，但传热系数小，热传递效率不高；熔融盐使用温度范围相对较大，导热性能好，但其凝固点比较高，导致系统保温复杂、成本增加，防凝固是采用熔融盐作为传热介质需要克服的主要技术难点❶。目前，工作温度相对较低（400℃以下）的槽式光热电站多采用导热油作为传热介质，工作温度较高（约 550℃）的塔式光热电站一般采用熔融盐作为传热介质。熔融盐成为目前光热发电领域中认可度最高的传热介质之一。未来，寻找、设计和研发适应性更好的传热储热介质是降低度电成本，推广光热发电技术的重要技术难点。

表 4.5　各类导热介质性能比较

导热介质	优点	缺点
水蒸气	经济方便、可直接驱动汽轮机，省去了中间换热环节	系统压力大（10MPa 以上）、蒸汽传热能力差，容易发生烧毁事故
导热油	流动性好、凝固点低，传热性能较好	价格较贵
液态金属	流动性好、传热能力强、使用温度高且温度范围广	价格昂贵、腐蚀性强，易泄露、易着火甚至爆炸、安全性能差
热空气	经济方便、能够直接带动空气轮机、使用温度可达千度以上	传热能力差，热容小，散热造成温度快速下降，高温难以维持
熔盐	传热无相变，传热均匀稳定，传热性能好、系统压力小、使用温度高、价格低	容易凝固冻堵管路，系统操作复杂、难度大

❶ 彭恒，闫伟华.太阳能光热发电新技术工艺路线综述 [J].电站系统工程，2020，36（3）：25-29.

4.4 经济性分析

4.4.1 成本构成

从全寿命周期的视角来看，光热发电项目成本包括初始投资、运维成本和金融成本，其中初始投资包括设备及安装成本、建设成本、并网成本、土地成本等，详见表4.6。设备及安装成本主要指镜面、集热器、储热系统、发电系统等设备采购及安装费用，建设成本除了光热电站的建筑费用外，还包括设计费用、前期费用、工程监理费用、环境保护和水土保持工程费用。土地成本主要是土地租赁费用，并网成本包括输电线路及变压器等相关费用。电站的总成本可分为技术成本和非技术成本两类。其中，**技术成本**包括设备及安装成本、建设成本以及运维成本，**非技术成本**指通过政策或规定的调整可以减免的成本，包括并网费用、土地费用、前期费用、融资成本等。

表4.6 光热电站经济性影响因素

分类		影响因素
技术参数		利用小时数、项目年限
初始投资	设备及安装成本	反射镜及跟踪装置、集热器/塔、导热介质、结构支撑、储热系统、发电系统、电缆
	建设成本	建筑费用、设计费用、管理费用、前期费用
	并网成本	输电线路、变压器
	土地成本	土地租赁费用
金融成本		融资成本（贷款利率）
运维成本		配件费用、修理费用、管理费用、工资等
政策条件		税费、收购电价、上网电价、补贴等优惠政策

光热电站的设备成本主要由集热环节、传热储热环节和发电环节3部分构成。根据当前的技术水平，集热环节的设备成本在光热电站总成本中占比最高，超过50%。槽式光热电站的集热环节设备包括抛物面槽式聚光器、跟踪装置、吸热管等，占电站总成本的57%，发电环节占26%，传热储热环节占17%。

塔式光热电站的集热场包括定日镜、支撑塔、吸热器等。塔式光热电站的集热环节由数量庞大的定日镜组成，包括镜面、控制器、电缆等组件，在总成本中的占比更高，达到 77%，发电环节占 15%，传热储热环节占 8%。槽式和塔式光热的各类设备投资占比如图 4.12 所示。

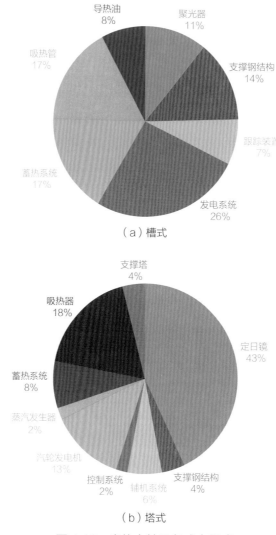

（a）槽式

（b）塔式

图 4.12　光热电站设备成本组成

　　与风能或光伏发电相比，目前光热发电的建造成本更高，建设周期更长。根据电站规模、储热设备规模、光照条件、土地和人工费用的不同，电站造价差别明显。从四种光热发电技术来看，一般来说碟式光热电站初始投资最高，约为塔式光热电站的两倍；槽式光热电站初始投资略高于塔式光热电站和线性菲涅尔式光热电站。目前，全球光热发电的初始投资在 3300～7000 美元 /kW❶。

❶ International Renewable Energy Agency. Renewable Power Generation Costs in 2018[R]. Abu Dhabi: IRENA, 2018.

4.4.2 度电成本

光热发电的度电成本近几年呈下降趋势。根据 IRENA 统计，2010 年—2018 年，全球的光热发电平均度电成本从 35 美分 /kWh 下降至 19 美分 /kWh，如图 4.13 所示。

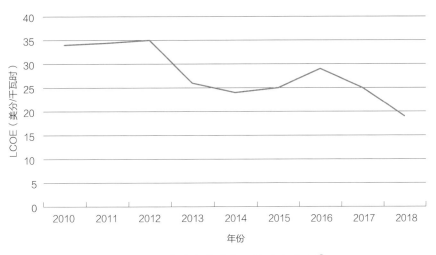

图 4.13 全球光热发电平均度电成本 ❶

由于各种条件不同，光热电站的度电成本差异很大。从资源禀赋方面看，太阳能直射辐射强度直接影响光热电站的发电能力，每增加 100kWh/（$m^2 \cdot a$），电站的度电成本下降 4.5%。从储热环节来看，加装储热设备可以有效提高光热电站的利用率，目前带储热设备的光热电站年利用小时数普遍在 4000h 以上，降低了电站平均度电成本。从技术路线来看，槽式和塔式光热电站的单位建设成本随装机容量的增加而下降，适合于大规模集中开发；碟式光热电站由多个单独的小型设备组成，成本不随总容量的增加而降低，适合于分布式发电。截至 2018 年年底，全球的光热发电项目度电成本普遍介于 19 美分 /kWh 至 30 美分 /kWh 之间，智利科皮亚波光热电站成本最低，仅为 5.9 美分 /kWh。

---

❶ International Renewable Energy Agency. Renewable Power Generation Costs in 2018[R]. Abu Dhabi: IRENA，2018.

4.5 发展前景

4.5.1 技术研判

4.5.1.1 技术发展趋势

在光热发电技术方面,重点是提升系统发电效率,包括提高集热环节聚光比,提升传热储热环节和发电环节的温度、压力等工作参数。光热发电技术的关键评价指标包含:新型传热介质、地热损传热装置、新型储热介质及换热装置、高效热循环系统和联动超大聚光器等,技术成熟度如图 4.14 所示。预计到 2035 年,光热发电单机容量达到吉瓦级;突破 700℃ 及以上的熔融盐显热储热技术,储热密度相比目前提高 30%,储热效率提高到 92% 以上;传热及发电环节工作温度达到 650℃ 以上,发电效率达到 60%。预计到 2050 年,联动、超大、超薄、抗灰尘、自控定日镜实现商业化量产;攻克 1000℃ 陶瓷显热储热技术,储热密度相比目前熔融盐储热系统提高 50%,储热效率提高到 95% 以上;发电环节采用超临界 CO_2 布雷顿循环发电技术,工作温度达到 800℃ 以上,发电效率达到 65%。

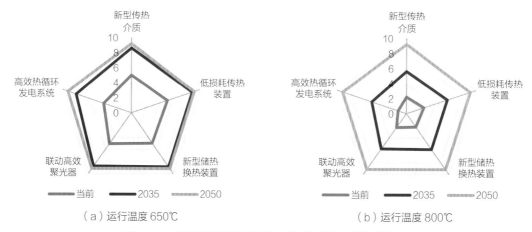

（a）运行温度 650℃   （b）运行温度 800℃

图 4.14 高运行温度光热发电技术成熟度评估雷达图

在技术应用方面，随着储热技术的成熟和成本下降，配备大容量储热的光热电站将实现全天候的连续运行，出力稳定、可调节，在满足负荷用电需求的基础上，还可以承担电网的调峰调频任务。在太阳能资源富集地区，可以采取光伏 + 光热联合开发的模式，白天有阳光的时段以光伏发电为主，降低总体度电成本；夜间以光热发电为主，提高电站调节能力。在能源清洁转型的过程中，光热还可以与常规火电厂进行耦合，用光热系统产生的蒸汽加热电厂给水，减少汽机抽气量，减少火电厂煤耗。

4.5.1.2　攻关方向

1. 提高聚光比

在反射镜方面，采用复合蜂窝技术，提高反射镜面形精度和反射面面形精度，研制超轻型结构的反射面，解决使用平面玻璃制作曲面镜的问题，降低制造难度；研究采用更为复杂的高次曲面，提高反射镜的反射比，提高高次曲面聚光镜的加工制造工艺，研发更易加工的新型镜面材料；研发高反射率的金属薄膜或复合材料薄膜替代现有镀银反射镜。

在跟踪方式方面，提高太阳跟踪轨迹理论计算精确性和跟踪控制精度，研发高精度带有四象限图像传感器的太阳热量计，提高自动检测太阳方位与能量的准确度；优化地平坐标系跟踪方法，精准控制步进电机改变轴的倾斜度，提高跟踪太阳高度角的准确性[1]；采用三维跟踪，以双立柱支撑、摩擦滚轮传动方式实现方位角传动，以双丝杆接力传动实现高度角传动[2]，提高跟踪精度和响应速度。

4.5　发展前景

---

❶ 顾煜炯，耿直，张晨，等 . 聚光光热发电系统关键技术研究综述 [J]. 热力发电，2017（6）.
❷ 金晓雷，王培红 . 光热发电及其聚光装置的现状与比较 [J]. 上海电力，2009（01）：27-30.

专栏 4-1   **光伏光热联合开发**

    光伏光热联合开发，充分利用光伏成本低和光热具备调节能力的特点，将二者进行优势互补。白天尽量以光伏发电满足用电需求，夜间或其他光伏无法发电的时段，用电需求要由光热承担。相比纯光伏开发，该方案具备在夜间供电的能力；相比纯光热开发，该方案下的光热对集热功率的要求不高，可以通过减少镜场等措施降低成本。

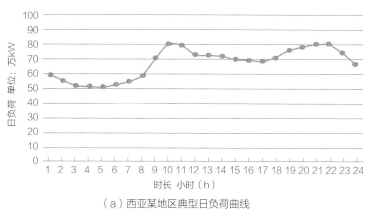

（a）西亚某地区典型日负荷曲线

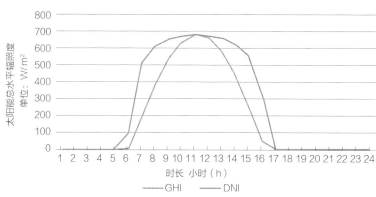

（b）西亚某地区典型日太阳能辐照曲线

图 4.15   边界条件曲线

    以西亚某地区为例，当地用电负荷特性及太阳能资源情况如图 4.16 所示。按照目前的项目投资成本测算，光伏光热联合开发的度电成本约为 7.7 美分，相比纯光热和光伏＋锂离子电池，度电成本分别降低 34% 和 52%，具有较好的发展潜力。未来在纯太阳能发电基地外送场景中，"光热＋光伏"联合开发的模式仍有较好发展前景。

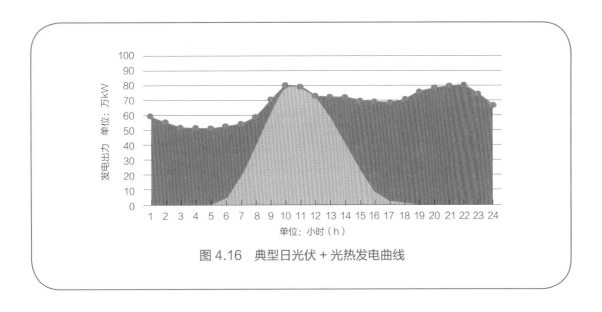

图 4.16　典型日光伏＋光热发电曲线

2. 提高传热储热环节效率

在高温传热储热介质的制备工艺方面，提高熔融盐等显热储热材料的储热密度和热物理特性，增强相变材料的导热性能和稳定性，减少腐蚀性和过冷度。高温储热单元的优化设计技术方面，研究储热单元与器件内部流动、传热传质现象与理论；研究储热单元构型与能质传递之间关联机理与强化途径，储热单元容量、功率与多相态能质传递协同设计方法等。储热系统的动态热管理技术方面，研究多物理过程、多部件特征及系统整体特性之间的耦合关系；研究适用于过程—部件—系统耦合的统一控制和分析方法。

4.5.2　经济性研判

1. 初始投资预测

光热发电项目的技术类投资变化规律相对明显，非技术类投资不确定性因素多，规律相对复杂。报告结合基于技术成熟度分析的"多元线性回归＋学习曲线拟合"法和基于"深度自学习神经元网络"算法的关联度分析和预测两种方法，建立**二元综合评估模型（RL-BPNN）**，将技术类投资和非技术类投资进行解耦分析，报告结合近 10 年历史数据和对光热发展趋势的技术研判结果，对未来光热发电初始投资水平进行预测，结果如图 4.17 所示。预计到 2050 年，光热电站初始投资有望降至 2400～3200 美元 /kW。

4.5　发展前景

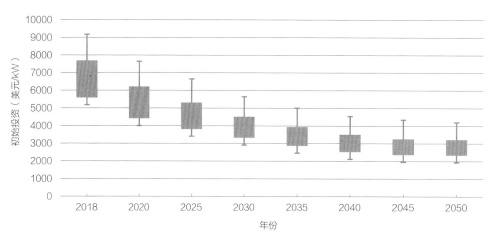

图 4.17　各大洲光热电站初始投资预测

2. 度电成本预测

结合基于 RL-BPNN 二元综合评估模型对未来光热初始投资水平的预测结果，报告采用光热度电成本计算方法，综合考虑技术参数、成本参数、财务参数和政策参数四部分主要影响因素，对光热度电成本进行预测。基于预测模型，考虑不同大洲的政策影响和资源禀赋的差异，调整模型容量因子，获得全球平均及各大洲光热发电的度电成本。

未来，光热发电将逐步实现的效率提高和成本下降，见图 4.18。影响光热发电站成本的主要因素包括工作温度、集热场、金融成本等。综合考虑这些因素的影响，预计到 2035 年，光热发电的全球平均度电成本将降至 6.3 美分 /kWh；预计到 2050 年，全球平均度电成本降至 5.3 美分 /kWh。

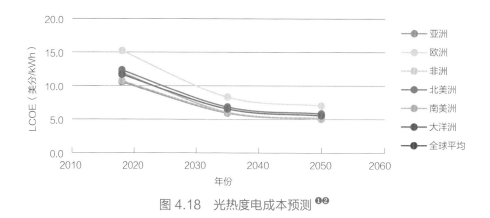

图 4.18　光热度电成本预测 ❶❷

❶ 彭博新能源财经（BNEF）：1H2020 WIND LCOE UPDATE[R]NewYork：BNEF，2019.
❷ National Renewable Energy Laboratory. Annual Technology Baseline 2018 [R]. Colorado：NREL，2019.

5

地热发电技术

地热资源是指地壳内能够开发利用的岩体和地热流体中的热能量，起源于地球的熔融岩浆和放射性物质的衰变。具有储量大、分布广、清洁可再生、稳定性好等特点。地热发电是利用地热资源为动力源的一种发电技术，基本原理与火力发电类似，首先把地热能转换为机械能，再把机械能转换为电能。地热发电具有持续稳定、高效利用、可再生的特点。开发地热能替代化石能源可减少温室气体排放，改善生态环境，推动能源清洁转型发展。

5.1 技术现状

5.1.1 技术概述

1. 技术发展历程

1904 年，世界上首台利用地热干蒸汽发电的地热能发电站在意大利建成。1958 年，新西兰在北岛建成了世界上首座利用湿蒸汽[1]发电的怀拉基地热电站，湿蒸汽温度 260℃，装机容量 57.8MW。1966 年，日本第一座地热干蒸汽凝汽式电站松川地热电站开始运行，干蒸汽温度 260℃。1971 年，中国江西省宜春县建成湿汤地热试验电站，利用 67℃的地热水，以水、氯乙烷双工质发电，装机容量 50kW，是世界上最低温度的双工质地热电站。1999 年，新西兰莫凯地热电站一期采用闪蒸与双工质联合发电方式，其中，闪蒸地热发电方式装机容量 30MW，双工质地热发电方式装机容量 25MW。

除利用地热蒸汽进行发电外，1970 年，美国科学家提出干热岩地热资源开发的概念及思路。1972 年，美国洛斯阿拉莫斯国家实验室率先在新墨西哥州芬顿山开展干热岩试验，验证了干热岩提取地热能的可行性。英国、法国、德国、瑞士、瑞典、日本也开展了类似的试验。2012 年，法国和德国联合研发的苏尔兹 2.2MW 干热岩地热电站发电成功[2]。

---

[1] 蒸汽中还有部分液态水时，称为"湿蒸汽"，完全气态水分子称为"干蒸汽"。
[2] 本社. 中国电力百科全书 [M]. 中国电力出版社，2014.

2. 地热发电技术分类

按照地热资源的载体不同，可用于发电的地热资源可分为水热型和干热岩型两种见表 5.1。**水热型地热能**是以蒸气、液态水或汽水混合物为主的地热资源统称，温度通常介于 90~200℃之间。水热型地热资源又分为**干蒸汽、湿蒸汽和地热水**。**干热岩地热能**载体为高温岩体，通常没有水或只含有少量水，温度一般高于 200℃。

表 5.1　地热资源分类

分类		关键技术	典型分布
水热型地热能	低温地热能	25℃≤温度 < 90℃	广泛分布于板块内部
	中温地热能	90℃≤温度 < 150℃	
	高温地热能	温度 ≥ 150℃	大地构造板块边缘的狭窄地带
干热岩型地热能		温度 ≥ 200℃	

目前，水热型地热发电技术较为成熟，在部分资源较好地区实现了商业示范应用。干热岩型地热开发潜力大，仍存在技术瓶颈。**水热型地热发电**采用钻井和完井技术，直接开采地下蒸汽和热水作为动力源，推动汽轮机旋转发电。**干热岩型地热发电**采用水力压裂等手段在地下深部（3000~6000m）的低渗透性干热岩体中形成人工地热储层。通过注入井将低温水输入热储层，利用干热岩的热量将低温水加热为高温水汽（150~200℃），再通过生产井将岩石裂隙中的高温水汽提取到地面进行发电[1]。水热型和干热岩型地热发电技术如图 5.1 所示。

由于地热资源性质不同，其发电方式也不同，主要分为三类，分别是干蒸汽法发电（包括背压式发电和凝汽式发电）、闪蒸发电、双工质（中间介质法）发电。不同地热资源对应的发电方式也有所不同，水热型地热资源根据热源温度不同，可以采用对应的发电方式；对于干热岩资源，当前主要采用双工质发电技术，可避免因地热流体品质引起的设备安全隐患。目前，在全球已有地热发电项目中，闪蒸发电和双工质发电技术占据了较大比例。

---

[1] 胡斌，王愚 . 浅谈地热发电技术 [J]. 东方电气评论，2019，033（003）：84-88.

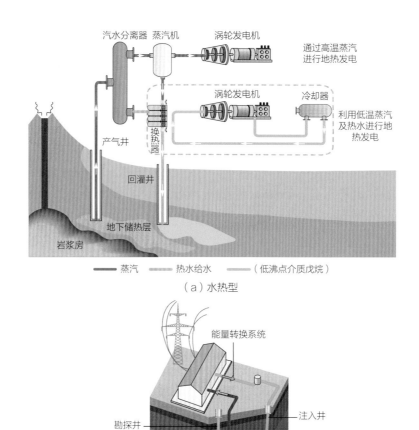

图 5.1　水热型和干热岩型地热发电技术

　　干蒸汽法适用于高温（160℃以上）地热田，直接将地热井开采出的高温干蒸汽（不含液态水），或从汽水混合物中分离出来的蒸汽引入汽轮机进行发电，可分为背压发电和凝汽发电如图 5.2 所示。**背压发电**技术适用于压力和温度较高的干蒸汽田，将地热蒸汽引入蒸汽净化器滤去除杂质后，然后将纯净蒸汽再引入汽轮机中膨胀做功，最后将乏汽直接排入大气。这种发电方式最简单，投资费用低，其缺点是发电效率低。**凝汽发电**将地热蒸汽引入蒸汽净化器滤去除杂质后，然后将纯净蒸汽再引入汽轮机中膨胀做功，最后排汽进入凝汽器冷却成水。不凝结气体随蒸汽经过汽轮机积聚在凝汽器中，必须用抽气器排走以保持凝汽器内的真空度。其优势是热能利用效率更高，但设备更为复杂，成本较高。

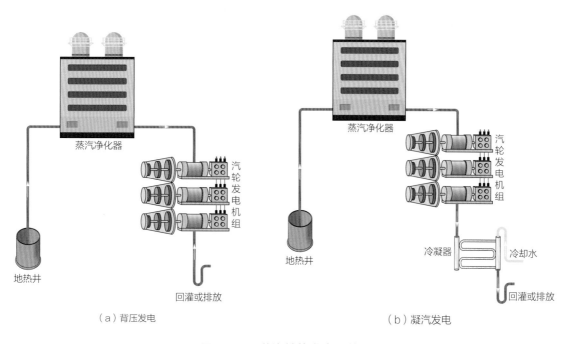

（a）背压发电 （b）凝汽发电

图 5.2 干蒸汽地热发电系统

闪蒸发电适用于中低温（150℃以下）地热田，先将地热井口的热水或含水分较多的低温湿蒸汽送到闪蒸器中进行降压闪蒸使其产生蒸汽，再引至汽轮机做功发电，如图 5.3 所示。按照闪蒸的级数又可分为单级、两级、三级闪蒸。采用闪蒸发电的地热电站，具有设备简单、易于制造且可以采用混合式热交换器的优点。但是，电厂的闪蒸设备尺寸大，腐蚀结垢问题突出，热电转化效率偏低。

双工质（中间介质）发电不直接用地热井开采出的蒸汽驱动汽轮机，而是利用地下热水或蒸汽加热某种低沸点的工质（如氨/水混合物），以低沸点工质蒸汽推动汽轮机，并带动发电机发电，如图 5.4 所示。该方法利用低温热能时热效率较高，适用于中低温地热田，同时由于地热水汽不直接进入汽轮机，能较好地适应化学成分比较复杂的地热资源。但大部分低沸点工质传热性比水差、价格高，还有易燃、易爆、有毒、不稳定、对金属有腐蚀等缺点。

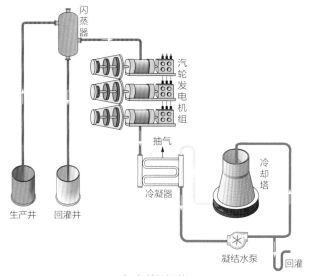

（a）单极闪蒸

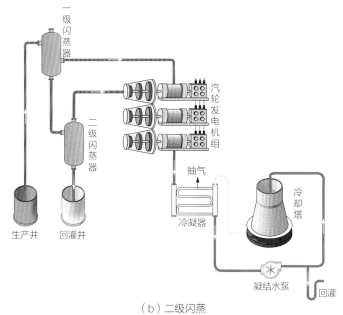

（b）二级闪蒸

图 5.3　闪蒸地热发电系统

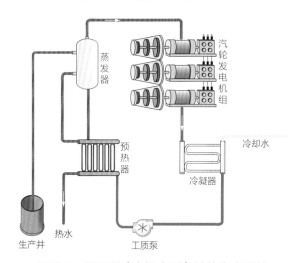

图 5.4　双工质（中间介质）地热发电系统

3. 地热发电技术环节

水热型地热发电的主要技术环节包括地热资源勘查与资源评价、钻井完井、保温及换热、发电系统、尾水回灌等。

（1）地热资源勘查与资源评价，地热储存于地下深处，资源探测和储量评估难度大。

（2）钻井及完井，根据不同地层特点，选用不同钻探方式。钻进设备长期处于高温、低 pH 值、H_2S、CO_2 等腐蚀性环境，容易造成机械和管材损耗及疲劳等问题。

（3）保温及换热，目前用于中深层地热井内的换热装置一般为双套管式换热器，通过在换热器外管设置板状翅片、在外管和内管之间增加凸肋来增加换热效率、在换热地层建造蓄热腔体等方法来提高地热采集效率。

（4）发电系统，目前投运的地热电厂主要基于水热型地热资源，根据地热资源的品位，热水和蒸汽的温度、压力等特性选择相应的发电技术，包括干蒸汽发电、闪蒸法、双工质法以及联合循环法等。

（5）地热尾水回灌，地热田的大量开采会造成地下热储寿命缩短，地下水位下降，地面沉降等问题。通过尾水回灌将开发利用后的地热弃水回灌地下，可以减轻上述弊端并控制地热水对地面的化学污染。

干热岩地热资源通过增强型地热系统（EGS）技术体系实现发电。从地表向干热岩体钻注入井，通过高压水力压裂在干热岩体中不断扩大已有裂缝或形成新裂缝，从而形成一定渗透率和规模的人工热储构造。在注入井附近实施钻入人工热储的生产井。在理想状态下，由注入井向人工热储灌入冷水，加热后由生产井返回到地表。地面的热量利用完后，将冷水再次注入地下重复利用[1]。

---

[1] 朱桥，张加蓉，周宇彬．干热岩开发及发电技术应用概述 [J]．中外能源，2019（9）．

5.1.2 关键技术

在地热能的开发利用过程中，涉及多项关键技术，包括地热井开发技术、地热流体收集技术、地热发电设备设计技术及地热田回灌技术等，详见表 5.2。

表 5.2　地热发电领域关键技术

分类		关键技术
地热井开发	地热资源勘探	地热资源勘查与评价技术
	地热井钻探	钻井技术、完井技术、高温钻探关键设备及工艺
地热流体回收		生产井口装置选择、管网设计、汽水分离器的设计、疏水系统设计、支吊架设计、保温设计
地热发电设备		高效汽轮机、防腐防垢新工艺、耐腐蚀新材料
地热田回灌		回灌井位置选择、回灌水流向、温度控制、回灌管道设计

在地热井开发方面，主要包括资源评价和钻探两部分。地热电站的装机容量与地热井的地热资源密切相关，一方面要保证地热井有足够的资源确保机组能够满功率运行，另一方面需避免储热不足而无法满足工程全寿命周期运行需求。因此，地热电站建设前期应建立热储模型对地热田内部变化进行准确分析，准确评估地热井的实际情况。特别是新兴的干热岩地热发电技术，需要对干热岩地热资源评价方法开展进一步研究。地热井钻探是勘探及获取地热资源的唯一手段，分为钻井和成井两部分，其中钻井是地流体勘探、采集的前提条件，钻井深度、地质结构复杂程度、地理位置、进尺深度等均影响到钻井成本；而成井又称完井，是地热能开发的关键因素，决定地热流体的质量，需根据实际情况选择相应工艺。随着干热岩等高温地热田开发的深入，需要开展高温钻探关键设备及工艺的研究，包括高温钻井安全控制技术、抗高温固井水泥浆技术、抗高温井下工具、井眼轨道监测与控制技术、抗高温钻头技术与提高钻速技术、高温地热井成井与测试技术等。

在地热流体收采方面，通常在同一块地热田上要钻探多个地热井，而各井口与地热电站厂房相距较远，需要通过地热流体采集系统将各地热井与透平之间进行连接，包括管道、支吊架等设备。在地热流体采集系统的设计过程中需要考虑生产井口装置选择、管网设计、汽水分离器的设计、疏水系统设计、支吊架设计、保温设计等。此外，不同生产井之间的地热流体参数差异也是采集系统需着重考虑的要素。

在地热发电设备设计技术方面，地壳内部是由多种元素以化合物形态组成的，从地热井采集的地热流体中多含有二氧化硅、硅酸盐、碳酸盐等大量矿物质。地热流体中的矿物质随着流体参数变化易出现结垢现象，大量结垢会影响地热流体流动阻力以及换热效果，从而影响机组的经济性。此外，地热流体中的腐蚀性成分会对叶片、管道、阀门等金属表面产生不同程度的腐蚀，影响设备的寿命。因此，在设计地热发电系统中的管道、阀门、汽缸、叶片、凝汽器等设备时应充分考虑到地热流体的特点，采取相应措施保证机组能够高效、安全、持续运行。**中低温地热资源**的发电技术及配套技术，目前已经达到模块化、集成化、产业化发展的水平，建立了有机朗肯循环（ORC）、卡林纳循环（Kalina）的发电系统。未来中低温地热发电技术的关键是对有机工质、换热部件、机组模块化、新型循环等方面展开基础与工程应用研究，对有机工质汽轮机、单 - 双螺杆膨胀机、离心式制冷压缩机改装的高效汽轮机等不同技术路线进行深化研究。**对于干热岩型地热资源，**已提出增强型地热系统（EGS），即人工形成地热储热层，从低渗透性岩体中采出深层热能的方法。EGS 的关键技术在于防腐防垢新工艺、耐腐蚀新材料等方面。目前，欧洲在人工热储、环路流通、在线腐蚀监测、防垢技术方面已取得很大进展。

在地热田回灌方面，为了维持地热田的发电能力，同时避免地热废水直接排放引起环境污染，需要通过各种措施将使用后的地热废水、污水输送回地下热储中，必要时甚至要补充干净的地表水，以保证地热井的产热能力，维持地热流体压力。地热回灌是一项相对复杂的工程技术，需要考虑回灌井位置选择、回灌水流向、温度控制、回灌管道设计等多方面因素。在大规模回灌之前一般需要进行回灌试验，对回灌效果进行监测，研究回灌水在热储中运动规律，从而制定合理的地热田回灌方案[1]。

──────────

[1] 莫一波，黄柳燕，袁朝兴，等 . 地热能发电技术研究综述 [J]. 东方电气评论，2019（2）.

5.1.3 工程案例

1. 拉德瑞罗地热电站

拉德瑞罗地热电站（Larderello Geothermal Power Station）是世界上第一座地热电站，位于意大利中部托斯卡纳区比萨东南 55km。地热田面积 250km^2，盖层为外来复理石和黏土。1978 年之前开采 500～1000m 浅层储热层，1978 年开始深部勘探至 3000～4000m 深度，地热蒸汽温达到 300～350℃，压力为 2MPa。目前热田运行生产井 190 口，回灌井 23 口。该电站 1904 年试验发电成功，成为世界上第一座商业化电站，截至 2012 年，共有 22 台机组在运，总装机容量 594.5MW，全部采用地热干蒸汽发电方式，是世界大型地热发电综合设施之一。

图 5.5　拉德瑞罗地热电站

2. 盖瑟尔斯地热电站

盖瑟尔斯地热电站（Geysers Geothermal Power Station）是世界上装机容量最大的地热电站。位于美国西部加利福尼亚旧金山以北 116km。盖瑟尔斯地热田是美国西部圣安德列斯断层带上露出的几个喷气孔和热泉区之一，面积 $200km^2$。热源为一个直径 14km 的岩浆侵入体，埋藏深度 7km。地热蒸汽存储于高度破碎的硬砂岩之中，出自两个深度范围，浅带深度为 $300\sim600m$，深带深度为 $1500\sim3000m$。截至 2012 年年底，盖瑟尔斯地热田在 $100km^2$ 范围内有地热井 424 口，回灌井 43 口。1960 年，该电站第一台机组发电，是世界上第三座地热电站，截至 2012 年年底，有 26 台机组运行，总装机容量 1585MW，运行出力 900MW，可以满足金门大桥至俄勒冈州海岸地区 60% 的电力需求。

5.2 需求与趋势

水热型地热能埋藏深度浅，距地表 $500\sim3500m$。主要分布在环太平洋（美国长谷、罗斯福，日本松川、大岳，中国台湾马槽等）、地中海—喜马拉雅（冰岛克拉弗拉、亚速尔群岛等）、大西洋中脊（埃塞俄比亚、肯尼亚等）和红海—亚丁湾—东非裂谷（中国西藏羊八井、云南腾冲、意大利拉德瑞罗等）地热带[1]，如图 5.6 所示。全球水热型地热能资源储量有限，技术可开发量上限约为 200GW[2]。

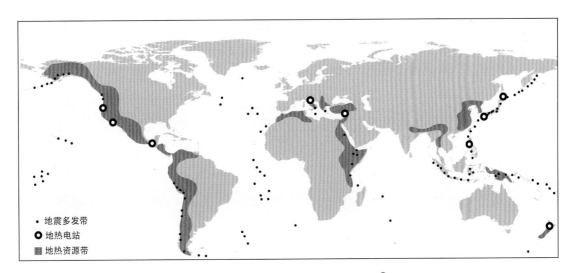

- · 地震多发带
- ○ 地热电站
- ■ 地热资源带

图 5.6 全球地热资源分布示意图 [3]

[1] 中国地质调查局，本刊讯.中国地热能发展报告（2018）[J].地质装备，2019，020（002）：3-6.

[2] 地热能源协会（GEA）估计水热型地热资源技术可开发量上限为 2 亿千瓦.

[3] Dr.Mazen Abualtayef. Geothermal Energy[EB/OL]. .http：//www. deutsches-museum.de/ausstell/dauer/umwelt/img/geothe.jpg，2018-4-20/2020-5-20.

干热岩地热能一般埋藏较深，距地表大于 3000m。根据地热资源评价体积法初步估计，干热岩资源从地震带边缘延伸至板块内部，地壳中 3～10km 所蕴含的干热岩能量约 4800 万亿 t 标煤，相当于全球所有石油、天然气和煤炭蕴藏量的 30 倍[1]。目前，干热岩开发尚处于起步阶段，示范工程主要位于美国、英国、日本和澳大利亚等国家。

目前，全球地热发电的开发以水热型为主，全球装机规模逐年增长。根据国际可再生能源协会（IRENA）统计，截至 2018 年年底，全球地热发电累计装机容量为 13.3GW，2018 年增长率达到 4.22%，近十年增长率较为平稳，如图 5.7 所示。

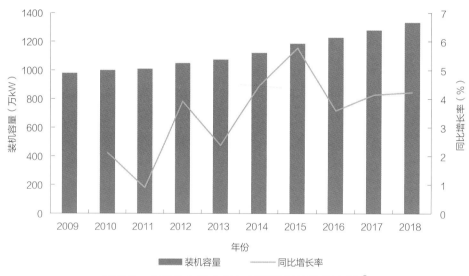

图 5.7　全球地热发电每年新增及累计装机容量[2]

未来，预计全球地热发电装机将维持现有增长速度，到 2035 年达到 35GW，占全球总电源装机容量（13.4TW）的 0.26%。在肯尼亚和埃塞俄比亚等重点国家，地热装机容量有望达到 7GW。

❶ 付亚荣，李明磊，王树义，等 . 干热岩勘探开发现状及前景 [J]. 石油钻采工艺，2018，040（004）：526-540.
❷ International Renewable Energy Agency. Renewable capacity statistics 2019[R]. Abu Dhabi: IRENA, 2019.

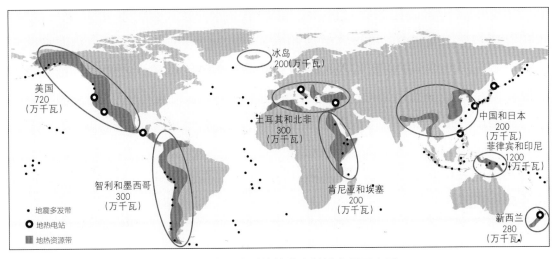

图 5.8　全球大型地热发电基地布局示意图

　　发展地热发电技术，可以增加可再生能源在能源体系中的比例，有助于构建多元化能源结构。地热发电原理同火电类似，具有调节性能好，可以为电网提供惯量支撑等优点，可作为高比例清洁能源系统的调节性电源。未来在冰岛、东南亚等地热资源丰富的地区，地热发电有望成为稳定、可控的可再生电力来源。

5.3　经济性分析

　　地热发电的成本主要由两部分组成：分期偿还的初始投资和电厂运行维护成本。其中初始投资包括以下几个方面：一是资源勘探和开发费用；二是勘探钻井、生产井和注水井；三是现场基础设施，地热收集和保温系统；四是发电厂及其相关设备成本、项目开发费用和并网成本。其中，地热田的前期勘探及钻井成本占比较高，一般水热型占 40% 左右，干热岩型达到 50% ~ 60%。

　　影响初始投资的主要因素包括以下几个方面：**一是**资源特性和现场条件。地热资源特性是影响发电成本的主要因素，包括温度、深度、化学特性和渗透性等，其中温度将决定发电系统的技术选择以及发电过程的整体效率；现场条件包括地热田位置、交通、地形、气候条件、土地利用类型及所有权等，影响电厂建设和并网等成本。**二是**装机容量和项目类型。项目的装机容量决定了初始投资的规模，而项目类型（新建和扩建）包含了工程所需的信息，如勘探程度、范围确认和基础设施建设等。**三是**融资成本，包括资本结构、财务状况、贷款周期、利率以及进度推迟所造成的相关成本等。**四是**市场条件，会影响施工过程中所需的商品和服务的价格，原材料和服务成本可能因市场波动发生上涨。

影响运行维护成本的主要因素包括以下几方面：**一是**现场条件和资源特性，特别是地热资源的埋深和化学性质，决定了运行维护的难度；**二是**劳动力成本，大型电厂的规模效益可以降低劳动力成本；**三是**市场条件，可能造成原材料及服务成本的波动。

基于上述因素，不同地热发电项目的成本差异较大。根据 IRENA 统计，由于受地热资源和建设条件影响较大，近十年水热型地热发电初始投资和度电成本呈上升趋势，2010—2018 年，全球平均初始投资从 2543 美元 /kW 升至 3976 美元 /kW 左右，全球平均度电成本从 4.8 美分 /kWh 左右升至 7.2 美分 / kWh 左右 ❶，如图 5.9 所示。

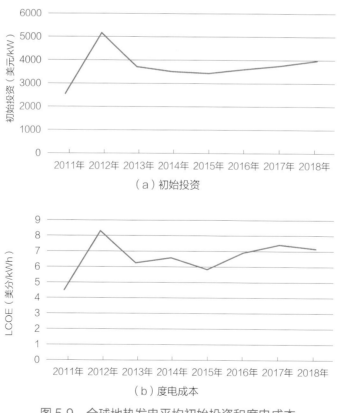

图 5.9　全球地热发电平均初始投资和度电成本

❶ International Renewable Energy Agency. Renewable Power Generation Costs in 2018[R]. Abu Dhabi: IRENA, 2018.

5.4 发展前景

5.4.1 技术研判

5.4.1.1 技术发展趋势

地热能储量大、分布广、清洁环保，地热能发电具有稳定、连续、可调节、利用率高等优点。随着能源清洁转型的需求越来越迫切，地热能的开发利用特别是地热发电将更受重视。未来，地热发电技术的发展趋势将体现在以下三方面：

1. 水热型地热发电技术向低温方向发展

在已探明的地热资源中，高温资源有限，为充分利用中低温地热资源，地热发电技术逐渐向低温方向发展，例如双工质发电技术。目前，研究方向主要集中在有机工质选择、系统优化、热力性能分析等方面，以尽可能降低热源排放温度，提高循环效率。低温水热型地热发电技术的关键评价指标包含：地热资源勘查与资源评价、钻井及完井、保温及换热、发电设备设计技术、地热田回灌等。预计 2035 年，低温水热型发电技术将趋于成熟，如图 5.10 所示。

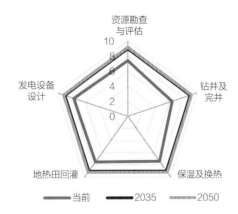

图 5.10 水热型地热发电技术成熟度评估雷达图

随着低温发电技术成熟，地热发电的应用场景也得以拓宽。以利用油田伴生地热资源发电为例，许多油田的储层温度都在地热发电站的运行范围内，全球石油工业每天伴生产低温热水高达 3 亿桶，可以作为低温地热发电的能量来源。实验表明，油井提液后井口产液温度和原油的产量都有大幅度的提高，在开发地热发电的同时还能够增加原油的产量。发电后的余热还可以进行原油伴输，即将原油加热后进入管道加压输送，通过提高原油输送温度降低其黏度，减少管路磨阻损失。未来，预计油田伴生地热发电是中低温地热发展的重要方向 ❶。

2. 干热岩地热能发电技术逐渐实用化

干热岩地热田没有流动性介质，需要采用增强型地热系统（EGS）进行开采。干热岩型地热发电技术的关键评价指标包含：地热资源勘查与资源评价、高温钻探、储层改造、发电设备设计、地热田回灌等。预计到 2050 年，干热岩地热能发电技术将趋于成熟，如图 5.11 所示。

干热岩地热田没有流动性介质，需要采用增强型地热系统（EGS）进行开采，未来将逐渐实现实用化。重点研究方向主要有三个方面。

一是资源评价与选址。对不同类型（火山型、花岗岩型、盆地型等）的干热岩资源，结合地质、地球物理和地球化学等多种方法，对具有 EGS 开发潜力的地区开展资源评价工作（如计算地温梯度，预测某深度处温度，测量地应力场，确定地质特征、岩性、构造、断裂和地震活动等），探测裂缝中流体，圈定有利区和靶区。

二是高温、深部钻探。需要克服硬质岩层与耐磨性地层的钻进、套管柱的热膨胀、泥浆漏失和高温等问题。已有的现场经验表明，钻探在技术上已趋于成熟，但如何有效地降低成本仍是制约其发展的主要障碍。其他需要考虑的因素还有钻探效率、钻孔深度、直径和角度，以及工业设计和井位配置等。

三是储层改造。钻井完成后，需要通过激发来增强高温结晶岩体的渗透性，

---

❶ 罗兰德·洪恩，李克文. 世界地热能发电新进展 [J]. 地热能，2013（4）：11-17.

实现井孔之间的储层连通，而裂缝体系发育依赖于基岩性质和应力场。良好的热储层阻抗低，允许循环流体快速通过，并能有效加热。目前常用的是水力压裂、爆炸致裂和热开裂技术，其中水力压裂因快速、可控性良好而被广泛采用。近年来，化学激发技术也受到了广泛的关注，该技术主要是以一定的破裂压力把酸或碱溶液注入地层，以利用化学溶蚀作用达到溶解裂隙表面可溶性矿物（如方解石等）或井筒附近沉积物的效果。

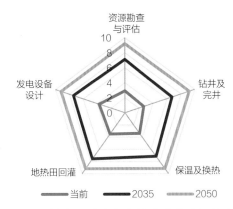

图 5.11　干热岩型地热发电技术成熟度评估雷达图

3. 地热能与其他发电技术多能互补联合发电

地热资源与其他可再生能源互补综合利用包括太阳能—地热能联合发电、地热能—地下式水电站联合发电、地热能—生物质能联合发电、地热能—海洋温差能联合发电等多种组合方式。

太阳能—地热能联合发电的目的是充分利用两种能源以提高机组装机容量，包括以地热能为主和以太阳能为主的两种模式，如图 5.12 和图 5.13 所示。以地热能为主的联合发电系统是在地热发电系统中增加一个太阳能集热装置，以提高蒸汽温度或蒸汽流量，从而增加机组发电效率，或者在地热流体流量降低的情况下保持机组出力不变。以太阳能为主的发电系统主要是利用地热高温流体对进入光热电站集热器的循环工质进行提前预热，从而提高蒸汽温度，增加光热机组的发电效率。

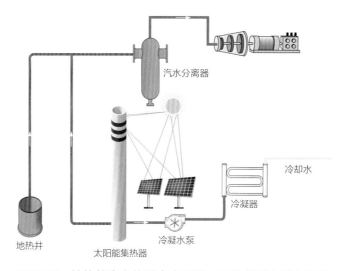

图 5.12　地热能为主的联合太阳能—地热能联合发电系统

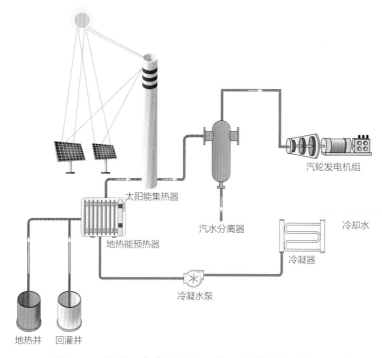

图 5.13　以太阳能为主的太阳能—地热能联合发电系统

　　地热能—地下式水电站联合发电系统包括地上的地热电站与地下水电站两部分，通过循环水将两部分连接起来，如图 5.14 所示。地表面水库的水通过管道被输送到地下的水轮机进行做功，做功后的水进入地下水池，利用地热能将从水池流出的水加热汽化后被送回地面，将其进行闪蒸处理后送入汽轮发电机做功，乏汽冷凝后进入地表水库，完成做功循环。这种发电系统无须防止水中矿物质对设备腐蚀、热水排放、循环工质泄露对环境的影响等，受地质影响小，但是对整个系统密封性要求高，而且对地下设备监测维护困难。

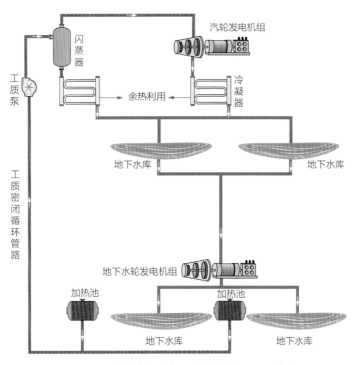

图 5.14　地热能—地下式水电站原理示意图

地热能—生物质能联合发电系统分别以中低温地热能和生物质燃气作为循环工质的热源，如图 5.15 所示。地热流体从井中抽出进入蒸发器，为循环工质提供热量，使其蒸发为饱和蒸汽，冷却后的地热流体回灌地下；生物质原料经过水解和厌氧消化后生成生物质燃气，在锅炉中燃烧产生的热量将循环工质饱和蒸汽进一步加热成过热蒸汽，过热蒸汽进入汽轮发电机中做功发电，乏汽进入凝汽器凝结后实现工质的循环。与单一地热发电系统相比，引入生物质能可以提高汽轮机入口蒸汽温度，提升热力循环效率，降低系统发电成本。

地热能—海洋能温差发电系统采用海洋能温差发电系统利用后的冷海水作为冷却水源来降低地热能发电系统的冷凝温度，提高能源利用效率❶。

❶ 莫一波，黄柳燕，袁朝兴，等 . 地热能发电技术研究综述 [J]. 东方电气评论，2019（2）.

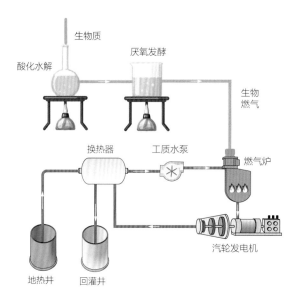

图 5.15　地热能—生物质能原理示意图

5.4.1.2　攻关方向

一是资源评价与选址。对不同类型（火山型、花岗岩型、盆地型等）的干热岩资源，结合地质、地球物理和地球化学等多种方法，对具有 EGS 开发潜力的地区开展资源评价工作（如计算地温梯度，预测某深度处温度，测量地应力场，确定地质特征、岩性、构造、断裂和地震活动等），探测裂缝中流体，圈定有利区和靶区。

二是高温、深部钻探。需要克服硬质岩层与耐磨性地层的钻进、套管柱的热膨胀、泥浆漏失和高温等问题。已有的现场经验表明，钻探在技术上已趋于成熟，但如何有效地降低成本仍是制约其发展的主要障碍。其他需要考虑的因素还有钻探效率、钻孔深度、直径和角度，以及工业设计和井位配置等。

三是储层改造。钻井完成后，需要通过激发来增强高温结晶岩体的渗透性，实现井孔之间的储层连通，而裂缝体系发育依赖于基岩性质和应力场。良好的热储层阻抗低，允许循环流体快速通过，并能有效加热。目前常用的是水力压裂、爆炸致裂和热开裂技术，其中水力压裂因快速、可控性良好而被广泛采用。近年来，化学激发技术也受到了广泛的关注，该技术主要是以一定的破裂压力把酸或碱溶液注入地层，以利用化学溶蚀作用达到溶解裂隙表面可溶性矿物（如方解石等）或井筒附近沉积物的效果 [1]。

5.4.2 经济性研判

水热型地热发电技术成熟， 根据 IRENA 预测，到 2020 年各类水热型地热发电的度电成本在 6～9.5 美分 /kWh 之间 [2]。地热发电技术的装机规模越大，度电成本越低。干蒸汽和闪蒸发电技术相对简单，电站的度电成本低于双工质发电。

干热岩型地热资源丰富， 理论蕴藏量大，具有较大的开发潜力。干热岩地热发电的开发与页岩气开发类似，钻井和完井的投入在总投资的占比中超过 60%，钻井与完井技术的突破决定了开发的整体经济性水平。借鉴页岩气技术的发展历程，钻井完井技术实现突破后，从 2012 年开始单井成本逐年下降 10%～15%，且单井开采效率大幅提升，使得页岩气快速具备经济开发条件。目前，干热岩型地热发电示范项目度电成本在 9～12 美分 /kWh 左右，综合 NREL、IRENA、IEA 等国际机构的预测结果，参照页岩气钻井完井技术突破带来的经济性提升幅度，预计度电成本将降低 25%～30%，同时考虑到其他发电系统技术进步的作用，预计 2050 年，干热岩型地热发电的度电成本有望达到 5～6 美分 /kWh，成为一种稳定可靠且具备经济竞争力的可再生电力资源。

---

[1] 许天福，袁益龙，姜振蛟，侯兆云，冯波等. 干热岩资源和增强型地热工程：国际经验和我国展望 [J]. 吉林大学学报，2016（46）：1139-1152.
[2] International Renewable Energy Agency. Geothermal Power Technology Brief[R]. Abu Dhabi: IRENA，2017.

6

海洋能发电技术

　　海洋能是指海洋水体所蕴含的各种能量形式总称，包括潮汐能、波浪能、海流能、温差能和盐差能等。全球海洋水体面积占地表总面积的 71%，海洋中蕴藏着丰富的资源与能量。充分开发和利用海洋能资源，为人类解决能源危机提供了可选的途径。

6.1　概述

　　海洋能由太阳能加热海水、太阳及月球对海水的引力、地球自转力等多种因素影响而产生，是取之不尽、用之不竭的可再生能源。海洋能开发潜力巨大，全球理论蕴藏量约为 2EWh/ 年，技术可开发规模约 6.4TW。全球各类海洋能的理论蕴藏量见表 6.1。

表 6.1　全球各类海洋能资源理论蕴藏量 [1]　　　　　　　　　　单位：TWh/a

类型	世界	中国	特征
潮汐能	8000	289	流速、流向具有明显的半日、全日或半月周期变化
波浪能	29500	2186	具有瞬间的随机性和月以上时间尺度平均值的周期性变化
海流能	4200	—	相对稳定
温差能	444000	2000	非常稳定
盐差能	2000	66.2	具有明显的年和季节变化

　　全球海洋能的理论蕴藏量很大，但能量密度比常规能源低，例如，海面与 500 ~ 1000m 深层海水之间的温差仅为 20℃左右，远不及火电厂过热蒸汽发电做功之后的温差；较大潮差仅 7 ~ 10m，波高约 3m，海流流速仅 4 ~ 7 海里 /h，相比水电厂的水头、流速都非常小。因此，现有的常规发电技术难以直接用于海洋能的开发。需要研究海洋能量摄取机理、流固耦合的强非线性水动力学等基础科学，突破高可靠性控制、装置海上施工与运维等工程应用技术。

---

[1] 本社 . 中国电力百科全书 [M]. 中国电力出版社，2014.

不同类型海洋能的稳定性和规律性有较大差异。温差能、盐差能和海流能变化较小，可以实现稳定的输出和利用。潮汐能和海流能稳定性较差但变化的规律性较强，人们可以根据潮汐、海流变化规律，编制逐日逐时的潮汐与海流预报，精准预测潮汐电站与海流能电站的发电出力情况。波浪能稳定性和规律性都较差，发电出力具有明显的随机性和波动性。

海洋能发电领域未来的发展方向将趋向三个方面：**一是**提高电站的发电效率、装机容量；**二是**提升电站的可靠性水平，使发电设备在高盐高腐蚀环境下具备长期可靠运行的能力；**三是**降低电站造价及运维成本，提升海洋能资源开发的经济性。

6.2　潮汐能

6.2.1　技术概述

6.2.1.1　发展历程

20 世纪初，欧、美一些国家开始研究潮汐发电。1967 年，第一座具有商业实用价值的潮汐电站在法国郎斯建成。1968 年，苏联在摩尔曼斯克附近的基斯拉雅湾建成了一座 800kW 的试验潮汐电站。1980 年，加拿大在芬地湾兴建了一座 20MW 的中间试验潮汐电站。同年，中国在浙江省乐清湾北侧的江夏港投运江夏潮汐实验电站，装机容量 3.2MW。2008 年，英国北爱尔兰斯特兰福德湖的希根（SeaGen）基础海流能发电站并网发电，单机容量 1.2MW，双转子水平轴叶轮直径 16m，这是世界上第一台兆瓦级潮汐能发电装置。目前，各国都在研究、设计建设潮汐电站，全球经过评估的适于建设潮汐电站的站址共有 20 多处，其中包括：美国阿拉斯加州的库克湾、加拿大芬地湾、英国塞文河口、阿根廷圣约瑟湾、澳大利亚达尔文范迪门湾、印度坎贝河口、俄罗斯远东鄂霍茨克海品仁湾和韩国仁川湾等地。随着技术进步，潮汐发电成本的不断降低。

6.2.1.2 发电原理

潮汐是一种海水周期性涨落运动的现象。相比海水其他各种运动形式，潮汐最具规律性且发生于岸边，因此最早被人类认识和利用。在各种形式的海洋能中，潮汐能的利用技术最为成熟。潮汐的水位差表现为势能，潮流速度表现为动能，这两种能量形式都可以用于发电。

潮汐电站通常在海湾入口或有潮汐的河口建筑堤坝、厂房和水闸，与外海隔开形成水库，涨落潮时库内水位与外海潮位之间形成水位差，驱动水轮发电机组将潮汐能转变成电能。潮汐发电和常规水力发电相比有许多特殊之处，如：潮汐电站以海水为工作介质，需要考虑设备的防腐蚀和防海洋生物附着问题；潮汐电站没有水电站丰、枯水期出力变化问题，月及年平均电量相对稳定，但每日、每月内的出力不均匀；建设潮汐电站一般不需移民，无淹没损失，可结合围垦土地，具有综合利用效益。

6.2.1.3 技术分类

潮水的流动与河水的流动不同，方向随涨落潮不断变换。针对这一特点，常见的潮汐能电站有多种开发方式，包括：单库双向、单库单向和双库单向等。

1. 单库双向开发方式

单库双向开发方式如图 6.1 所示，拦海坝及水闸将海湾分成两部分，坝内海域称为水库，坝外称为外海。图 6.1（a）中 1 为潮汐电站，2 为拦海坝及水闸，它将海湾分成两部分，坝内海域称为水库，坝外称为外海。

图 6.1（b）所示为单库双向潮汐电站的工作过程，实线 I 表示水库水位变化过程，实线 II 表示外海潮水位变化过程，黑色图形表示电站出力变化过程。电站的工作周期如下：在涨潮开始后，外海潮水位与库水位接近相等时（A 点）关闭水闸。随着潮水位上升，形成外高内低的落差，当水头超过水轮机允许最低工作水头时（B 点），水轮机组开始发电，此时水流由外海流向水库，使库水位上升。由于潮水位上升较快，工作水头也不断增加，直至高潮时刻。高潮后，潮位下降，而库水位上升，很快水头落至水轮机允许最小的工作水头，水轮机

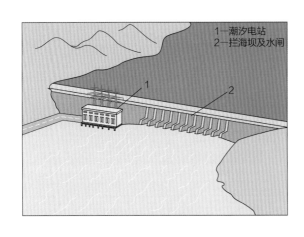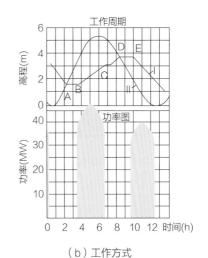

（a）枢纽布置　　　　　　（b）工作方式

图 6.1　单库双向开发方式

停止发电（C 点），此时，开启水闸，水流继续从外海进入水库，使库水位继续上升。至某一时刻，外海潮水位与库水位接近相等，关闭水闸（D 点）。以后潮水位继续下落，至 E 点，水轮机又开始工作，不过这时水位是内高外低，水流由水库流向外海，库水位下降。在低潮后不久，因水头低于最小工作水头，水轮机停止工作，水闸打开，继续放空水库，很快潮水位与库水位接近，水闸关闭，这样不断重复循环过程。

该开发方式最适应天然潮汐过程，电站在涨潮和落潮时都能发电，潮汐能利用率最高，缺点是发电过程具有间断性和波动性。

2. 单库单向开发方式

单库单向开发方式如图 6.2 所示，枢纽布置与单库双向方式相同，但仅在涨潮或落潮时发电，因此该方式又分为单向涨潮开发方式和单向落潮开发方式。

单向落潮开发方式的水库一般维持在较高水位，有利于库内码头等设施的使用；单向涨潮开发方式的水库一般维持在较低水位，相比单向落潮方式，高水头持续时间较短，同样蓄水量的情况下发电效率较低。通过对不同类型电站的运行情况进行对比，单向涨潮发电的潮汐能利用率一般只有单向落潮发电的2/3。单向单库开发方式的厂房与机组较双向开发方式简单，相比双向电站总投资较少。

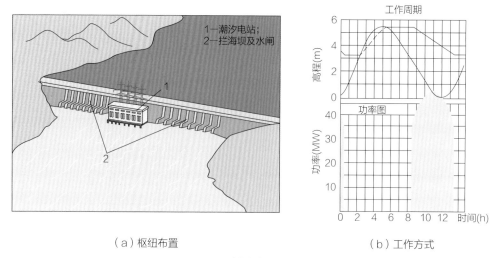

（a）枢纽布置　　　　　　　　（b）工作方式

图 6.2　单库单向开发方式

3.　双库单向开发方式（电站设在两库之间）

双库单向开发方式枢纽布置简单，电站位于上水库与下水库之间，利用上、下水库的水位落差发电，如图 6.3 所示。从图 6.3（b）可见，在 a 点，上水库水位与外海潮水位相同，落潮已开始，关闭 4 号坝上水闸，水轮机利用上库水发电，尾水流到下水库，此时下水库亦与外海隔断，所以随尾水流入，下水库水位上升；到 b 点，外海潮水位下降至与下水库水位相同，此时，打开 3 号坝上水闸，使下水库与外海沟通，于是尽管尾水不断进入下水库，但下水库水位仍然随潮水位下降；至 c 点，潮水位已达低潮位后开始涨潮，关闭 3 号坝的水闸，下水库水位随尾水进入而升高；到 d 点，潮水位涨至与上水库水位相同，打开 4 号坝的水闸，之后上水库水位随潮水位上升，仍在发电。这个过程一直持续到 a 点，不断重复这一循环过程。

这种开发方式的优点是通过合理选择上下水库的库容和电站装机容量，根据涨落潮循环选择不同水闸的开关顺序，电站可以实现连续发电；缺点是上下库的水位落差不大，水轮机的水头较小，潮汐能的利用率低，特别是受潮汐月不均匀性影响，在弦月时段更为明显。

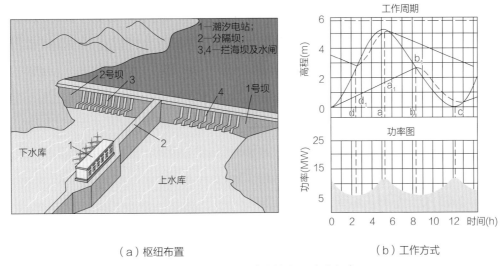

（a）枢纽布置　　　　　　　　（b）工作方式

图6.3　双库单向（电站在两库之间）

6.2.1.4　工程案例

1. 法国朗斯潮汐电站

法国朗斯潮汐电站于 1966 年在希列塔尼米岛建成，是世界首个商业应用的潮汐电站。该电站采用单库双向开发方式，装有 24 台灯泡贯流式水力发电机组，总装机容量 240MW，详细参数见表 6.2。项目总成本 9500 万欧元（1967年时价），年均净发电量为 5.44 亿 kWh，度电成本约为 0.12 欧元 /kWh（约合人民币 0.92 元 /kWh）。另外，该电站每年吸引游客超过 20 万人。

表 6.2　朗斯潮汐电站参数

电站位置	48° 37′ 05″ N 02° 01′ 24″ W
装机容量（MW）	240
年发电量（GWh）	540
涡轮机数	24
发电方式	双向发电
运行年份	1966
坝长（km）	0.75
流域面积（km²）	22
最大潮差（m）	13.5
平均潮差（m）	8.5

6.2　潮汐能

朗斯电站的拦河坝由船闸、发电厂房、堤坝连接段以及闸门段组成。船闸位于拦河坝的西端，长 65m，宽 13m，闸底高于最低天文潮位（天体引潮力最小时引发的最低潮位）2m。在船闸处有活动吊桥，当有大型的船只通行时可进行升降操作。闸门段包括 6 个闸门，位于堤坝的东端，长 115m。闸门的功能主要是在水位差较小的时候快速填充或放空水库。发电厂房段长 332.5m，分28 个坝段，每段 13.3m。

2. 加拿大安纳波利斯潮汐电站

安纳波利斯潮汐电站位于加拿大芬迪湾安纳波利斯河入口处，正式运行于1984 年，属于新斯科全省（Nova Scotia）电力公司，是北美唯一一座潮汐电站。该电站采用单库单向开发方式，退潮期间发电，装有 1 台 20MW 的全贯流式水轮机，发电机定子直径为 13m，采用空气冷却。水轮发电机进水口面积15.5m^2，尾水管出口处尺寸为 14.5m×11.1m，进水口和尾水段被中墩分开，并且进口中墩起到对上游涡轮机轴承的支撑作用。18 个导叶径向分布于涡轮机进口，起到水流流量控制作用。

该工程建于一个已有的河堤之上，拦河堤坝长 46.5m，高 30.5m，包括两个闸门。由于环境因素，电站运行时水库水位低于设计水平，降低了水轮机发电运行时的工作水头，年发电量约为 30GWh，低于预计水平（50GWh）。

3. 韩国始华湖（SIHWA）潮汐电站

韩国始华湖潮汐电站于 2011 年投产，是世界最大的潮汐能发电站。该电站采用单库单向开发方式，涨潮期间发电，装有 10 台 25.4MW 灯泡式贯流机组，转子直径 7.5m，额定转速 64.29r/min，额定水头 5.82m，额定流量482.1m^3/s，总装机容量为 254MW，年发电量 5.53 亿 kWh。工程由韩国夸特（Kwater）水资源公司开发建设，大宇机床（Daewoo）工程建设公司 EPC 总承包，堤坝总长 11.2km，库容 3.238 亿 m^3，总造价约 3.55 亿美元，单位造价为 1398 美元 /kW，建设工期为 2003—2011 年。

6.2.2 关键技术

经过多年的理论总结以及实践，潮汐发电的工作原理已经明确，技术较为成熟，潮汐电站的建设及设备设计制造安装已经积累了丰富的经验，适合进行大规模商业化开发利用。潮汐发电的关键技术主要体现在以下三个方面。

一是潮汐能的评估和预测。潮汐的变化主要由月球运转引起，因此潮汐能电站出力的变化周期与月球运转有关，与常用的基于太阳日的计时方式具有一定的差异。根据潮汐变化规律对潮汐电站的发电出力进行准确的评估和预测，合理制定出力计划，是实现潮汐能大规模开发和接入电网的关键之一。

二是潮汐电站的设计、建设和维护。潮汐电站一般会建设在海岸港湾处，与常规水电站相比堤坝较长，施工工程量更大。电站部分建筑物及水轮机组等设备长期浸泡在海水中，需要重点考虑海水对这些设备的腐蚀及海洋生物的危害，这就对潮汐电站的建设和维护提出了更高的技术要求。

三是不同潮汐发电开发方式和发电机组的选择。常见的单库单向、单库双向和双库单向开发方式各有利弊，根据不同的地形特征、潮汐特点选择不同的开发方式是合理开发潮汐能的关键。与常规水电开发相比，潮汐电站水库中的水位与海平面不会相差太多，但水流量较大，因此在设计时需要考虑潮汐的这些特点，选用合适的水轮机组。

6.2.3 发展前景

一是与其他可再生能源多能互补。潮汐能的产生原因是地球自转与日月引力导致，变化周期较为稳定，基本不受天气变化的影响，相比风电、光伏，发电出力的波动性和随机性较小。因此，潮汐能发电可以作为水电、风电、光伏等主要可再生能源发电的有益补充，利用不同能源品种之间变化规律的不同，实现多能互补，共同提供相对稳定的电力。

二是潮汐能发电与围海造田、海洋化工等产业发展相结合。潮汐电站通常建在海边人口密度较低的地区，一般不会涉及库区淹没和人口迁移等较为复杂的问题。在潮汐电站建成后，可以充分利用拦海大坝对水库周边进行围垦开发，有效缓解海边农田稀缺等问题；利用水库实现对海水中的丰富的资源进行沉淀、提纯，发展海洋化工产业，全面利用各方面资源，提高潮汐电站的综合经济效益。

三是充分利用优良的站址资源。根据统计，许多沿海的国家和地区都具备建设潮汐电站的自然条件，欧洲适合建设潮汐电站的海岸、港湾有 106 处；日本、中国、菲律宾等国家的诸多海岸也都具备建设潮汐电站的条件。目前，建成投产的商业化潮汐电站还较少，随着潮汐发电技术的进步，在开发过程中加强对周边环境的保护，开展潮汐电站的综合利用，未来在具备良好条件的站址开发潮汐发电将逐步具有较好的经济性，有望实现商业化应用，成为其他可再生能源发电有益的补充❶。

6.3 波浪能

6.3.1 技术概述

6.3.1.1 发展历程

从 17 世纪开始，人们逐渐关注波浪能的开发利用。1799 年，法国吉拉德父子提出了振荡水柱装置设计方案，获得了利用波浪能的首项专利。1910 年，法国人波契克斯建造了一套 1kW 的振荡水柱式波浪发电装置。1965 年，日本人益田善雄发明了供导航灯浮标使用的振荡水柱式波浪发电装置。

20 世纪 70 年代中期起，英国、日本、挪威等波浪能资源丰富的国家开始试验开发较大规模的波浪发电站。1978 年，日本建造了"海明号"振荡水柱式波浪发电装置，1978—1986 年，日本、美国、英国、加拿大、爱尔兰五国合作，对"海明号"设备原型进行了多次实海况试验，但因发电成本过高，未能

---

❶ 高杨，李玉超，张红涛 . 潮汐发电技术的展望 [J]. 国网技术学院学报，2016（6）：60-62，73.

实现商业应用。1985 年，挪威在卑尔根附近的奥伊加登岛建成了 1 座装机容量 250kW 的聚波越浪式发电站以及世界首座装机容量为 500kW 的振荡水柱式波浪发电站。

自 20 世纪 90 年代末，波浪发电装置的研究进入示范阶段。1998—2000 年，日本研发的"巨鲸"振荡水柱式发电装置试验运行。英国研制了"海蛇（Pelamis）"波浪发电装置，在进行了实海况运行后，于 2004 年 8 月并网发电；2013 年研制了"海蛇二代（Pelamis II）"波浪发电装置。丹麦研制的"波龙（Wave Dragon）"聚波越浪式发电装置于 2003 年进行了 20kW 的样机试验，并实现了并网发电。

世界各国已经对波浪能进行了较为深入的研究，波浪能转换的形式与技术路线日趋多样化。目前，关于波浪能转换的各种专利已经超过 1500 项，真正投入应用的不足 1%，绝大多数波浪能转换技术尚停留在试验、示范阶段。英国 LIMPET 波浪能电站是世界上第一座商业化电站，已经接入英国国家电网。在葡萄牙、丹麦、澳大利亚也已经有小型的发电装置投入商业运行。

6.3.1.2　发电原理

波浪能指海洋中的海水波动所蕴藏的动能。波浪是十分复杂的海水运动现象，可近似将其看作由许多振幅不同、周期不等、相位杂乱的简单波动叠加而成。波浪能是一种不稳定的海洋能形式。

波浪能发电装置工作的基本原理如图 6.4 所示，首先通过捕能机构捕获波浪的动能，再利用能量转换—传递系统将能量进行变换、存储、传递等处理，最终以电能形式输出。波浪能发电装置一般包含三级能量转换过程：一级转换是利用捕能装置在波浪作用下的升降或摇摆运动将波浪的动能转换为捕能装置持有的机械能，或者利用波浪的爬升将波浪能转换成水的势能等不同能量形式；二级转换是通过能量传递系统将装置获取的机械能经稳向、增速、稳速后，转换为发电机所需的能量形式；三级转换是通过发电机及电力变换设备输出用户所需的电能。

6.3　波浪能

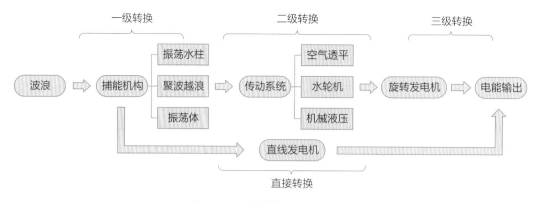

图 6.4　波浪能发电基本原理

波浪能资源具有以下三个特点：**一是**储量丰富、分布广泛，只要有水体的地方就存在波浪能，特别是在海洋之中；**二是**波浪能的时空分布变化较大。在时间尺度上，波浪能不仅有分、秒级别的短时间随机变化，还有日、月、季变化及年际间的长期变化，在空间尺度上，波浪受风、海底地形、水深、海岸形状等影响，方向多变，波浪的功率密度由来自不同方向的分量组成，这一特点给波浪能装置的捕获效率造成一定影响；**三是**波浪能的开发利用对环境产生的负面作用较小。波浪能装置可在已有设施及工程基础上进行安装和建设，如护岸、防波堤，或与此类设施及工程同时建设，以降低成本，实现功能多元化。

6.3.1.3　技术分类

波浪能发电装置种类繁多，根据装置吸收波浪能工作原理，可分为以下三大类：振荡水柱式（Oscillating Water Column，OWC）、聚波越浪式（Overtopping）和振荡体式（Oscillating Body），各大类又分为固定式和漂浮式等小类。

1. 振荡水柱式波浪能发电装置

作为发展最早的波浪能发电装置，振荡水柱波浪能发电装置本质上是共振装置，其基本工作原理如图 6.5 所示。装置的气室结构下部与海水相连通，形成水柱体，水柱上部的空气可通过气管与外部大气连通。在波浪力的推动下，气室内水柱产生振荡，并通过对水柱对空气的增减压作用形成往复气流，将波浪能转换为空气动能，完成能量一级转换；随后，往复气流经整流罩推动气管内的空气透平（常见为冲击式透平和威尔斯式透平）工作，将空气动能转换为透平

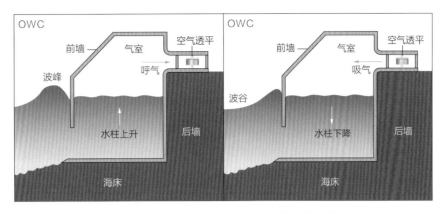

图 6.5　振荡水柱式波浪能发电装置原理示意图

旋转的机械能，完成能量二级转换；最后空气透平通过转轴驱动发电机，将机械能转换为电能，完成能量三级转换。

　　振荡水柱装置根据其所处的地理位置及水深不同，又可分为固定式（近岸浅水）和漂浮式（离岸深水）。固定式装置一般布置于海岸线或者近岸位置，可以采取重力式结构直接固定于海底基床或嵌入自然岸线、崖壁中形成独立单一的装置；也可以与人工防波堤、水坝等沿岸建筑物相结合，形成多功能的海岸建筑物。这一类装置具有易于安装和维护的特点，无须深水系泊系统，节约电缆长度。并且通过合理选择近岸波浪能汇聚的位置，可以弥补波浪从深海传播到海岸过程中波能的部分损失。漂浮式装置如图 6.6 所示，可布置于水深 25m 左右的有限水深区，也可布置在水深大于 40m 的开放海域，可采用张力锚或悬链线对装置进行锚固，装置位置可随海面自由升降，克服了固定式装置受到潮位的限制影响，提高了波浪能转换效率。振荡水柱发电装置的结构简单，没有水下活动部件，且透平机与海水不接触，降低了波浪对设备的冲击，避免了海水腐蚀及发电机组密封性的问题。

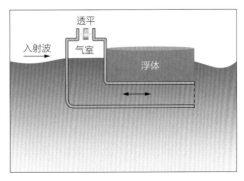

图 6.6　漂浮式 OWC 示意图

2. 聚波越浪式波浪能发电装置

聚波越浪式波浪能发电装置的基本工作原理如图 6.7 所示，波浪撞击海岸地形或聚波结构后聚集于导浪斜坡之上，爬升翻越进入后方高位蓄水池（库）中，形成内外水头差，将波浪能转换为水体势能，完成能量一级转换；当蓄水池内水头满足发电要求时，通过回流管道释放水体返回大海，并驱动管道内的低水头水轮机工作，水体势能转换为水轮机旋转的机械能，完成能量二级转换；低水头水轮机通过转轴驱动发电机发电，将机械能转换为电能，完成能量三级转换。

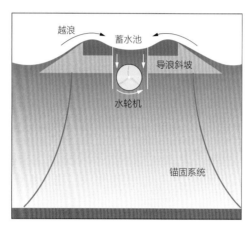

图 6.7　聚波越浪式波浪能发电装置示意图

聚波越浪式波浪能发电装置以水体为能量转换介质，能够将较不稳定的波浪能转换为蓄水池内较为稳定的水体势能，发电出力相对平稳；装置活动部件少，抗风浪能力强，可适应于相对极端海况，具有较高的稳定性及可靠性。

聚波越浪式波浪能发电装置与振荡水柱式装置类似，也可分为固定式与漂浮式两种。固定式装置多为靠岸、近岸装置，施工、运行、维护便捷，但波浪能资源有限，受地形影响大；漂浮式装置多为离岸装置，波浪资源可观，但建设成本高，易受极端波浪影响。

3. 振荡体式波浪能发电装置

振荡体式波浪能发电装置多为浮体结构，其基本工作原理如图 6.8 所示。该装置利用浮体结构在波浪中产生纵荡、垂荡、横荡及俯仰等各自由度的往复运动，将波浪能转化为浮体运动的机械能，完成能量一级转换；浮体上设置能量转换—传递机构，多为直驱式机械系统或液压系统，将浮体运动的能量转换为机械能或液压能，完成能量二级转换；最终通过直线电机或液压马达连接发电机完成发电，将机械能或液压能转换为电能，完成能量三级转换。

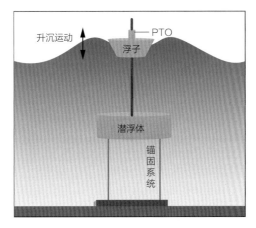

图 6.8　振荡体式波浪能发电装置示意图

振荡体式发电装置主要存在以下优势：一是振荡体与波浪直接接触，能量转换次数少，发电效率较高；二是振荡体装置的单体占用面积小，受波浪场影响小；三是振荡体装置形式灵活，可进行阵列化布置，形成海上发电场；四是装置可利用锚固系统锚固在不同水深条件下工作，结构灵活，且体量相对较小，易于向深水阵列布置形式推广，受水深条件的限制小，在超过 40m 的深水区也可以正常工作。该类装置主要缺点是装置的捕能机构随波浪不断进行往复运动，且能量传动机构相对复杂，结构可靠性低，易发生破坏，在极端海况条件下生存能力较差。

振荡体式装置以漂浮式居多，可以更充分的利用深水中的大量的波浪能量，是目前波浪能发电装置研发的趋势，已有部分装置进入原型样机的示范运行阶段。

6.3.1.4 工程案例

1. 振荡水柱式装置

1998—2000年，日本的"巨鲸"号（Mighty Whale）漂浮式振荡水柱波浪能发电船试验运行。该装置长50m、宽30m，高12m，前部并排设有3个气室，配备3台振荡水柱式发电装置，其中2台额定功率30kW，1台额定功率50kW。运行过程中利用波浪进入气室后产生的振荡水柱，推动空气带动发电机组工作。该装置共运行701天，并于2002年结束试验。

2. 聚波越浪式装置

20世纪80年代，丹麦的弗里斯·马德森（Friis Madsen）公司制造了波龙（Wave Dragon）聚波越浪式发电装置，该装置由两个导浪墙、双坡道及混凝土结构的蓄水池三部分组成，在蓄水池底端装有低水头轴流式水轮机组。通过调整开放式气室内的气压，不断调整自体的漂浮高度使其适应不同波高的波浪，进而最大程度实现波浪捕获能力。2003年，进行了装机容量为20kW的样机试验（由7台转桨式水轮机组成，蓄水池容量为55m^3），累计实现并网运行超过2000h；2006年投入运行尺寸为57m×27m的样机，成为世界上首座漂浮式聚波越浪型发电装置。

3. 振荡体式装置

海蛇振荡体波浪能发电装置（Pelamis）由英国海蛇波浪能有限公司（Pelamis Wave Power Ltd. PWP）研发并投资。装置适用于长波（涌浪）条件，在水深超过50m的海域（约离岸2~10km），利用波浪传播的相位差使相邻的圆筒发生转动，驱动安装在两个筒之间的液压发动机并带动发电机发电。2004年，PWP公司设计了第一代Pelamis发电装置P1，样机长120m、直径3.5m，成为世界上第一个成功并入电网发电的漂浮式振荡体波浪能装置。2010—2012年，改进后的第二代装置P2进行实际海况测试，该装置长180m，直径4m，重约1350t，额定功率750kW。

波浪能发电装置度电成本测算

　　根据附录 3 中度电成本分析方法，波浪能发电装置基本不涉及非技术成本，度电成本主要由设备初始投资和发电能力两方面因素决定。

　　波浪能装置的投入成本主要由以下几个部分组成：装置建设费用、停泊费用、安装费用、运输费用、运行维护费用、中期改装费用、退役费用，其中占比最大的部分为装置建设与运行维护费用，以"海蛇"为例，750kW 发电装置的全寿命成本约 630~1410 万美元，如表 6.3 所示。

表 6.3　750kW"海蛇"波浪能发电装置成本

费用项目（万美元）	最小值	最大值
装置费用	300	400
停泊费用	30	40
安装费用	1200	160
运输费用	18	24
中期改装费用	49	68
运维费用	120	680
退役费用	0	100
总计	630	1410

　　波浪能发电装置的年均发电量与装置所在海域的波浪能蕴藏量直接相关。根据太平洋共同体（SPC）测算，在南纬 20° 以北的南太平洋区域，750kW"海蛇"装置的年均发电量为 310~1210MWh。

　　基于上述参数进行测算，在不同地区的波浪能发电装置的度电成本差异较大。在波浪能蕴藏量丰富海域（汤加），度电成本约 20.9~46.7 美分 /kWh；在资源不好的海域，度电成本约 81.4~181.8 美分 /kWh。

6.3　波浪能

6.3.2 关键技术

波浪能发电经过长期发展，原理研究日趋成熟，但目前还存在成本偏高、稳定性及可靠性不足等问题。波浪能发电的关键技术包括发电装置的波浪载荷设计、优化及提高其在海洋环境中的维护技术、装置建造和施工过程中的海洋工程技术、不规则波浪中的发电装置设计与运行优化技术等。波浪能发电的技术路线多种多样，不同形式发电技术的关键技术略有差异。

振荡水柱波浪能发电技术得到了快速发展，建造水平趋于成熟，能量转换效率不断提高。振荡水柱波浪能发电的关键技术包括气室的优化设计技术，综合考虑振荡水柱的升沉波幅、相对压强及输气管内往复气体流速等多重因素，提高波浪能的捕获效率综合；透平机的选型及设计技术，优化动叶片数、透平径间比、动叶片入射角、透平轮毂比、外径间隙等参数，提高在特定波浪环境下的发电效率及稳定性。

聚波越浪式波浪能发电的关键技术包括：一是有效水头差变化情况下的蓄水池设计，综合考虑波高、波周期、水位等环境因素和构筑物的几何布置、材料等特性，提高越浪量以维持水头，保证水轮机的高效运行；二是水轮机的设计和优化技术，提高低水头情况下的发电效率以及对海水侵蚀的防护能力。

振荡体式波浪能发电的关键技术包括：一是浮子的优化设计技术，综合考虑波浪激励力、波浪辐射力、静水回复力和能量转换系统阻尼力（PTO作用力）等因素，精准分析振荡浮子的实际运动形态，提高浮子的动力响应、俘获功率等工作性能；二是高转换效率的液压式能量转换系统设计。

6.3.3 发展前景

在技术路线方面，波浪能发电技术经过近百年的发展，技术路线繁多，发展潜力也不相同。近年来，离岸漂浮振荡体式技术发展较好，在全球进行试验示范的海洋能项目中占据多数。结合对各类波浪能发电技术的成熟度分析，预计未来离岸漂浮振荡体式波浪能装置更能代表今后波浪能发电技术的发展方向。

在应用场景方面，波浪能发电主要有三个发展方向：**一是**形成微电网，为小型海洋工程设备供电。小型的波浪能发电装置作为独立的发配电系统，依靠自身的控制及管理功能实现功率平衡控制、系统运行优化、故障检测与保护、电能质量治理等方面的功能，为海洋监测设备、海洋水文仪器、海洋测试仪器等海洋工程设备提供持续的电力供应。**二是**并入大电网供电。单台波浪能装置发电能力有限，输电距离也受限。但多台波浪能装置可形成波浪能装置群，进而形成大型的发电站，并通过远距离输电并入大电网。**三是**多能互补发电。海上风力强劲，风能资源比陆地更为丰富，太阳能资源没有遮挡更易于利用，将海上风电、光伏和波浪能发电等多种可再生能源发电技术综合在公共的基础平台上，统一管理、统一转换、统一利用，有望降低综合成本，提高能源的利用率❶。

6.4　海流能

6.4.1　技术概述

6.4.1.1　发展历程

海流能发电的发展历程较短，发电装置还处在原理性研究和小型试验阶段。1973 年，美国研发了名为"科里奥利斯"的海流能发电装置，该装置采用管道式水轮发电机，机组长 110m，管道口直径 170m，安装在海面下 30m 处。2003 年 5 月，英国的 MCT 公司在北德文郡近海岸成功安装了额定功率 300kW 的海流能发电测试装置并试验运行超过一年。2003 年 12 月，挪威政府支持开发的 300kW 试验型水平轴海流能发电机哈默菲斯特（Hammerfest Strøm AS）投运。2008 年 4 月，MCT 公司在位于爱尔兰北部安装了 1.2MW 的希根（SeaGen）海流能发电装置，标志着世界上第一个兆瓦级的海流能发电系统投入使用。除欧洲国家外，中国、日本、加拿大也在大力研究试验海流能发电技术。

❶ 张亚群，盛松伟，游亚戈，等 . 波浪能发电技术应用发展现状及方向 [J]. 新能源进展，2019，007（004）：374-378.

目前，海流能发电技术和装置处于开展海上试验和技术示范阶段。海流的流速至少需要达到 2.1m/s，海流能发电才会具有经济性，因此海流能发电装置尚未实现商业化和规模化应用 ❶。

6.4.1.2　发电原理

海流能主要是指海水水平运动时所具有的动能，水平运动的原因主要包括月球与太阳引力作用，海水温度、盐度分布不均而产生的海水密度和压力梯度，海风的作用等。海流能具有以下优势：一是海流能总体的规律性及可预测性较强，稳定性较高，有利于并网发电；二是海流能是环境友好型绿色能源，不产生任何污染物；三是海流能装置一般安装在海底或漂浮在海面，无须建造大型水坝，对海洋环境影响小。

海流能主要的利用方式是将海水的动能转换为电能。发电装置一般由发电系统、海上固定系统、输变电系统和监测控制系统等组成。

发电系统主要由传动轴系（主轴、轴承、轴承座）、齿轮箱、联轴器和水密封等部件组成，是利用海流能驱动发电机，将机械能转换为电能的设备。目前常用的是交流发电机。

海上固定系统是将海流能发电机组及其附属设备支撑并固定在海上的系统，包括载体（或平台结构）、系泊系统或基础两部分。载体是搭载海流能发电设备的平台结构，系泊系统或基础是将载体平台固定于海床的系泊系统或海底基础结构，保证载体在风、浪和海流海洋环境下的安全。载体的形式依海流电站总体结构形式的不同，可分为漂浮式载体、座底式载体和桩柱式载体等三类，如图 6.9 所示。漂浮式载体采用由锚机、锚链（索）和锚等组成的系泊系统定位于海床；座底式载体采用基础结构定位于海床；桩柱式载体采用桩基础结构定位于海床，有单桩式和多桩导管架式等多种形式。

❶ 田应元，张云海，任翀 . 海流发电发展方向及技术路线思考 [J]. 能源工程，2010，000（001）：9-14.

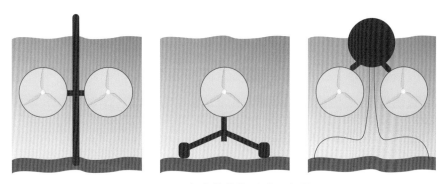

图 6.9　海流能载体形式示意图

输变电系统是将海流能发电机组发出的电力输送至陆上变电站的设施，也可用于将陆上电力输送至海上发电系统。主要包括海底电缆、变电站、配电柜等电气设备。

监测控制系统是识别、采集和处理海流能发电系统运行环境、机电设备运行数据信号和电力参数的软硬件系统，通常含有信息处理与控制执行功能，是保障海流能发电系统安全运行、故障检测和保护所必备的子系统。监测系统由各类传感器、信息采集与处理、信息传输与执行等部件组成。

6.4.1.3　技术分类

海流能发电装置主要有叶轮式、降落伞式和磁流式三种，各形式海流能装置占比如图 6.10 所示。

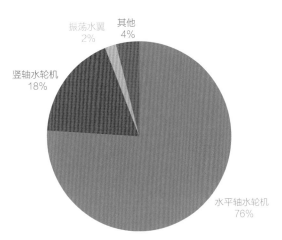

图 6.10　各形式海流能装置占比

6.4　海流能

叶轮式海流能发电装置利用海流推动叶轮，叶轮带动发电机发电。叶轮是捕获将海流动能并转化为电能的设备，按其结构形式可以分为水平轴水轮机、竖轴水轮机及振荡水翼等。**水平轴水轮机**叶轮转轴与来流方向平行，通常包括变桨或对流机构，使机组适应双向海流环境，提高获能性能。水平轴水轮机装置结构较为复杂，且安装在水下，密封要求高，运行维护难度较大，但该形式水轮机具有效率高、自启动性能好的特点，是当前主流的海流能发电设备。**竖轴水轮机**叶轮转轴与来流方向垂直，其旋转不受来流方向的影响，可适应多流向海流环境，结构相对简单，发电装置可置于水上，减少了安装与维护成本，但其自启动性能差，能量利用率低于水平轴水轮机。另外，叶片会受到周期性载荷冲击，水轮机旋转轴会产生脉动转矩，叶片和转轴易产生疲劳问题，高输出振动也会引起输出电流波动，影响电能质量。**振荡水翼**装置利用水翼机构在水流作用下产出的升沉与俯仰运动进行能量转换。与叶轮式水轮机相比，振荡水翼具有叶尖速比低，对海洋生态环境影响小，浅水适应性高，易于进行装机容量扩展等优点。振荡水翼为新型结构形式，发展历程较短，应用较少。

降落伞式海流能发电装置由几十个串联在环形铰链绳上的"降落伞"组成。顺海流方向的"降落伞"靠海流的力量撑开，逆海流方向的降落伞靠海流的力量收拢，"降落伞"顺序张合，往复运动，带动铰链绳继而带动船上的铰盘转动，铰盘带动发电机发电。

磁流式海流能发电装置以海水作为工作介质，让有大量离子的海水垂直通过强大磁场，获得电流。

6.4.1.4　工程案例

1. 叶轮式水平轴海流能装置

2003 年，挪威的哈默菲斯特公司（Hammerfest Strøm AS）联合 ABB和劳斯莱斯（Rolls-Royce）等 4 家公司研制了一台 300kW 海底海流发电装置。该装置沉没于水下工作，质量 120t，水平轴水轮机带有 3 个玻璃钢塑料制成的叶片，叶片长度 10m，耗资 905 万美元。9 月，该装置安装在科沃桑德（Kval Sound）海区，开始发电试验，这是世界上第一个 300kW 级并网潮流电站。

2．叶轮式竖轴海流能装置

2002 年，意大利阿基米德桥（Ponte di Archimede，PdA）公司研制了科博尔强（Kobold）潮流发电装置。该装置采用漂浮式垂直轴变桨水轮机方案，安装在墨西拿海峡，装机容量 120kW，由 4 组尼龙锚绳和水泥重块固定于海床。3 叶片叶轮直径 6m，弦长 0.4m；载体呈圆形（直径 10m），甲板上方六角形机舱内放置齿轮箱、发电机和电控系统。该项目是世界上第一个接入电网的竖轴海流能电站。

3．叶轮式振荡水翼海流能装置

2001 年，英国的工程业务公司（Engineering Business Ltd）耗资 256 万欧元研制了 150kW 振荡水翼海流能发电装置——魔鬼鱼（Stingray）。该装置重 180t，高 24m，翼板距海地高度 20m，翼板长 15m。2002 年 9 月安装在设得兰群岛（Shetlands）的耶尔桑德（Yell Sound）开始试验，水深 36m。当流速为 1.5m/s 时，在摆动的一个周期内输出峰值功率 250kW，平均功率 90kW。

6.4.2　关键技术

海流能发电的原理和风力发电相似，故海流能发电与风力发电的关键技术类似。海水的密度远大于空气，且设备放置于海洋环境之中，海流能发电关键技术涉及能量捕获技术、安装维护、海洋环境中防腐技术等，主要概括为以下六个方面 [1]。

1．高效率叶片设计

叶片作为海流能发电装置的关键性部件，其获能效率直接影响着整机效率。对于水平轴海流能发电装置，采用柔性叶片转子结构可以解决刚性叶片捕能效率低的问题，另外还可以参考风力发电机的相关技术，在叶端加一襟翼提高发电机的效率。对于竖轴海流能发电装置，采用螺旋式涡轮机可以一定程度降低叶片振

---

[1] 常征，包道日娜，刘志璋，等 . 海流能开发利用技术发展及关键技术思考 [J]. 太阳能，2012，000（006）：55-59.

动；采用叶片倾角余弦控制方式的液压控制系统，可实现叶片变倾角控制，相对于定倾角涡轮发电机，可以提高效率。在实际应用中，海流能发电装置的叶片不可避免地存在汽胀和海生物附着的现象，需要选取合适的安装深度，减缓叶片汽蚀；设计合理的叶片剖面，选择合适的材料和涂刷防腐油漆等措施减少海生物附着。此外，还要综合考虑叶片数对能量转换效率和整机维护成本的影响。

2. 低速发电机设计及优化控制技术

相比风速，海流速度较低，且随着水深的增加，海流剖面流速下降很快，并且流向变化复杂。低流速下发电机效率通常不高，因此，适应超低流速发电机的设计和制造是海流能推广应用的关键。在控制方面，变桨控制技术可以使得叶片随水流流速的大小调节捕获的能量，提高获能效率。目前，竖轴海流能发电装置的变桨距控制技术研究进展较为迅速，水平轴海流能发电装置中仅有少数样机具有变桨距功能。

3. 提高自动对流水平

水平轴海流能发电装置的自动对流系统主要有两种方式：一是不需要任何驱动力仅靠自身结构实现自动对流；二是当海流流向变化时，叶片转动 180° 从而实现对流，该对流方式可与变桨距控制相结合，但需解决密封的问题；三是采用偏航机构实现自对流，即当海流流向发生变化时叶片不动，通过机舱转动跟随海流流向的变化。关键技术是采用改进的特殊结构实现自对流。例如采用软轴，将水平轴式水轮机与垂直安放的发电机连接，使水轮机组正对水流方向。

4. 改进传动方式

当叶轮捕获能量后，由传动系统将能量传递给发电机。目前，海流能发电装置采用的传动系统主要以齿轮箱，存在传动比单一、冲击明显、柔性差、易损坏等缺点。采用液压传动方式是解决上述问题的途径之一。

5. 改进安装、锚定与维修技术

如何将海流能装置固定在海洋环境中并方便故障维修，是海流能装置设计和安装的关键点。多数海流能装置采用海底安装，安装方式主要为重力式、打桩式、多桩式和漂浮式。前两种安装方式适合浅海作业，后两种安装方式适合深海作业。漂浮式固定方式机组底部由锚泊装置固定，其维修最为方便；重力式结构相对简单；打桩式基础制造简单，机组需要维修时，可以沿桩吊上，维修方便。不同的安装方式各有优缺点，需要根据设备按照地点的实际情况进行选择和有针对性的改进。

6. 提高装置运行的可靠性

影响海流能发电装置运行可靠性的因素主要有两点：一是在大于 8m/s 流速下，水轮机可能导致气蚀现象，造成对发电机组的伤害。二是海水的强腐蚀性对发电机、轴承与密封系统都是极大的挑战。目前，海流能发电装置的可靠性不高，无法实现长期运行。提高发电装置的运行可靠性是关键技术之一。

6.4.3   发展前景

目前，海流能发电是唯一能够在深海实现应用海洋能发电技术 ❶。近年来，世界上一些海流能资源丰富的国家都加大了对海流能利用的投入和研究力度，并不断取得进步。叶轮式发电装置相对较为成熟。

预计未来海流能的应用方向主要包括两方面，一是发挥其能够实现在深海发电的优势，为海下设施、装置提供稳定的电力，提高科学考察、资源开发等深海作业的续航能力；二是结合海上风电、光伏开发，实现多能互补，稳定输出。海流能发电技术的研发方向包括：**一是**在海流能规划和选址方面，需要加速发展海流的测流技术，对海流能资源分布进行勘探研究估算，理清海流运动规律为建设海流场做准备；加强数值模拟仿真和模型试验的最优化研究，以预报深海中海流能发电机的综合性能；研究海流能电站的宏观和微观选址技术。**二是**在海流能机组运行控制方面，将最大能量跟踪技术和半直驱、直驱控制技术应用在水平轴式海流能发电装置，以提高其获能效率和稳定性；将液压传动方式应用到海流能发电装置中，实现无级变速和功率的最优控制。

---

❶ 田应元，张云海，任翀 . 海流发电发展方向及技术路线思考 [J]. 能源工程，2010，000（001）：9-14.

6.4   海流能

6.5 温差能

6.5.1 技术概述

6.5.1.1 发展历程

在 1880 年，法国人达松发（1851—1940）提出了温差发电的构想，到了 1929 年，他的学生克劳德（G.Claude）在古巴海岸开发一座 22kW 的海水温差发电试验装置，装置以水为工质采用开放式循环（Opencycle）方式，从实验上证明了海洋温差发电的可行性。1979 年美国开发第一座能够稳定运行的海洋温差能发电站（Ocean thermal energy conversion，OTEC），装机容量 50kW。

2005 年后，随着高效热循环技术、温差发电技术、大型热交换器、海上浮式工程技术、先进材料技术等进步，OTEC 的开发再次成为热点，日本、美国、法国、韩国、印度等国家建成了多座 OTEC 示范电站。中国从 20 世纪 80 年代开始逐步开展海洋温差能的相关研究，2012 年成功建成中国第一个 15kW 温差能发电试验装置。

6.5.1.2 发电原理

海洋温差能发电是利用海洋表层与深层海水之间的温差进行发电的技术。海水的温度随着深度的增加而不断降低，表层海水的温度受季节和天气的影响较大，800m 以下水温则趋于稳定，基本维持在 4~6℃。海洋温差能发电装置利用表层热海水的热量使工质蒸发，利用蒸汽驱动汽轮机发电；再利用深层低温冷海水冷却做功后的乏汽，使其变回液体重新循环。冷海水一般要从海平面以下 600~1000m 的深部抽取。海洋温差能发电的原理如图 6.11 所示。

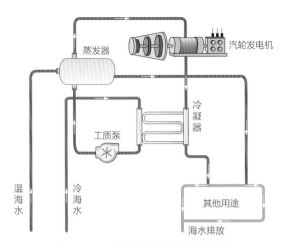

图 6.11　海洋温差能发电原理图

温差能发电原理与地热发电类似，但海洋表层海水和深层海水之间的温差小于地热资源与环境温度的温差，热源温度和工质温度都要较低。温差能发电所需的最小温差随着技术的进步而逐渐减小，目前公认的适宜开发的温差范围大致为 18～20℃，当温差低于 16℃时，不具备温差能开发条件。

6.5.1.3　技术分类

热力循环方式是决定海洋温差能发电效率的关键因素，根据所用工质及流程的不同，温差能发电装置通常采用开式、闭式和混合式循环三种方式。

1. 开式循环（闪蒸法或扩容法）

采用开式循环方式的温差能发电装置通常由闪蒸器、汽轮机、发电机、冷凝器以及海水泵组成。原理如图 6.12 所示。循环过程以海水为工质。首先将温海水导入真空状态的闪蒸器内，使其部分蒸发产生水蒸气，水蒸气在汽轮机内膨胀做功，带动发电机发电；做功后的乏汽在冷凝器内被冷海水冷凝为液体，凝结水不返回循环中。冷凝的方式有两种：一种是使用混合式换热器，透平出口的乏汽直接混入冷海水中，称为直接接触冷凝；另外一种是使用表面式冷凝器，水蒸气不直接与冷海水接触，可附带生产淡水。

6.5　温差能

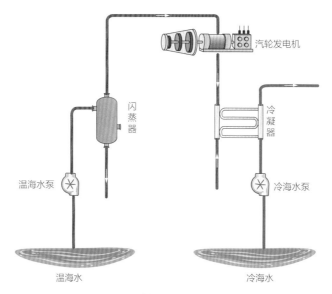

图 6.12　开式循环系统原理示意图

2. 闭式循环（中间介质法）

　　该方法使用低沸点物质，如氨、氟利昂等作为工质，在一个封闭回路中完成热力循环，原理如图 6.13 所示。发电装置由蒸发器、汽轮机、发电机、冷凝器、工质泵以及海水泵组成。工质在蒸发器内吸收温海水放出的热量蒸发为蒸汽，蒸汽进入汽轮机内膨胀做功带动发电机发电，做功后的乏汽在冷凝器内被冷海水冷凝为液体，然后由工质泵泵入蒸发器内继续循环。

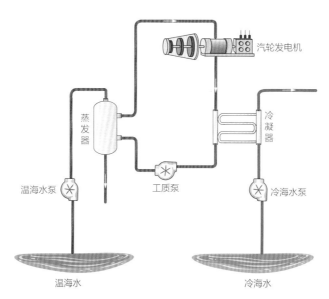

图 6.13　闭式循环系统原理示意图

3. 混合式循环

采用混合式循环的温差能发电装置由闪蒸器、蒸发器、工质泵、汽轮机、发电机、冷凝器以及海水泵组成，如图 6.14 所示。

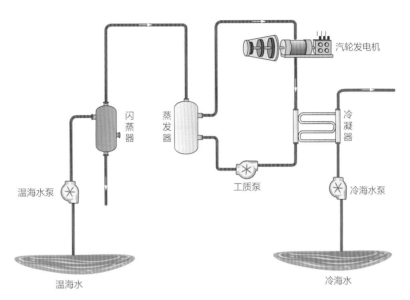

图 6.14 混合式循环系统原理示意图

在开式循环环节，温海水经过闪蒸器，其中一部分温海水闪蒸变成水蒸气；水蒸汽被导入蒸发器中加热工质（氨、氟利昂等），被冷却后生成淡水。在闭式循环环节，工质在蒸发器中吸收热量蒸发，产生的蒸气驱动汽轮机做功带动发电机发电，做功后的乏汽在冷凝器内被冷海水冷凝为液体，然后由工质泵泵入蒸发器内继续循环。该方法综合了开式循环和闭式循环的优点，既可以发电也能生产淡水。

6.5.1.4 工程案例

1. 美国迷你温差能电站（Mini-OTEC）试验电站

1979 年，美国在夏威夷沿海建设并成功投运全球第一座能够持续发电的海洋温差能试验性电站（Mini-OTEC），装机容量 50kW。海洋能电站（Mini-OTEC）由夏威夷州、迪林厄姆公司（Dillingham）、洛克希德导弹（Lockheed Missile）及思必思公司（Space）联合开展建设的项目。

6.5 温差能

该电站以一艘海军驳船作为安装平台，采用闭式循环方式，以氨作为工质。闭式循环发电系统由控制台、蒸发器、汽轮机、发电机、冷凝器、工质罐及工质泵构成，利用深层海水与表面的温海水（21~23℃）之间的温差发电。

迷你温差（Mini-OTEC）试验电站自 1979 年 8 月开始陆续运行了约 1500h，最长连续运行时间为 10 天，电站在 1979 年 12 月停止运行。

2. 美国夏威夷 100kW 示范电站

2014 年，美国马凯公司在夏威夷建成一座 100kW 温差能示范电站，并于 2015 年 8 月成功并入当地电网发电，成为世界上在运的装机容量最大的海洋温差能电站。该示范电站采用闭式循环方式，以氨为工质。循环系统配有两台工质循环泵和储存罐。换热系统共有两台换热器，每台换热器的热交换功率最大可达 2MW。

6.5.2　关键技术

海洋温差能发电属于较为前沿的清洁能源发电技术，成熟度不高，目前仅有少量示范性工程，还需要不断提高、发展及完善才能实现商业化应用。制约海洋能发电发展的关键技术如下。

1. 换热器防腐蚀和防海洋微生物附着技术

海水对换热器及管道中的金属部分具有较强的腐蚀性，易造成设备损坏或寿命减少；海水中的微生物极易附着在换热器表面，将导致换热器表面换热效率降低，进而对整个系统的发电效率产生影响。研究发现，换热器管道中附着 25~50μm 微生物时，换热效率降低 40%~50%。换热器长期使用后表面坚硬的附着层无法通过简单清扫清除。美国阿贡实验室发现，加氯对去除微生物附着效果显著，但这种方法对环境会产生一定影响。

2. 冷海水管的制造和安装

温差能发电设备的冷海水取自 600～1000m 以下的深海，对冷水管的强度要求较高。在海流作用下，管道极易发生涡激振动，管道作业的水深越大，涡激振动效应也越严重。长期的震动可能导致管道结构的疲劳破坏，大幅度增加设备的维护成本。因此，采取有效措施抑制涡激振动效应，研究冷海水管的布置方式及制造工艺等，都是海洋温差能发电的关键技术难点。同时，冷水管的保温性也很重要，以免冷海水温度升高导致系统热效率的下降。

6.5.3 发展前景

海洋温差能储量巨大、分布广泛，并能在一定程度上与海洋养殖业协同发展，具有一定的开发潜力。海能海用、就地取能、多能互补和对深层海水进行综合利用的是未来温差能发展的重点。

1. 海洋能源的就地应用

海洋温差能发电在深海远洋工程中有着较大发展潜力。一方面，深海岛礁、海上平台等用电设备很难通过输电线路接入陆上电网获得电能；另一方面，远海发电装置产出的电能输送回大陆成本高、难度大，可行性较低。因此，在深海远洋工程中"海能海用、就地取能"是未来海洋温差能发展的主要方向。

2. 海洋资源的多能互补与综合开发

温差能发电系统的耗能模块主要是温水泵和冷水泵。可以通过结合小型太阳能、风能、波浪能、海流能等其他形式的发电装置，为温、冷海水泵供电，弥补系统耗能模块的能量损。深海中冷水管道的铺设成本和技术难度随着深度的增加成几何倍数增长，而该多能互补系统的主要优势在于保证足够温差的同时可大幅度减小冷水的提取深度，在一定程度上降低了成本和技术难度。通过多能互补的方式取长补短，可加快温差能等海洋新能源示范工程的发展进程，提高温差能发电系统的可行性。

在深海工程和远洋岛礁上，淡水资源是比电能更紧缺、更重要的特殊资源，而这是海洋温差能发电的一个独特优势。据美国太平洋高技术国际研究中心（PICHT R）预计，一个 1.5MW 的温差能发电系统可日产淡水约 3000m^3，用于供给人口密度不高的远海岛礁和海洋平台绰绰有余。

3. 深层海水的综合利用

海洋温差能发电需要抽取深层的冷海水，这些冷海水富含大量的氮、磷、硅等营养成分，对于海洋藻类等的生长十分有利。因此，可以考虑海洋温差能和海洋牧场共同开发，在增加海洋渔业资源产量的同时，提高深层冷水的利用率。温差能发电设备的海上平台，产出的电能和淡水可以供给平台上工作人员的生产和生活，抽取的富含营养的深层冷水处理后又可以用于渔场的渔业养殖。深层冷海水还可为海岛居民集中提供冷水空调，这使得温差能发电系统的综合成本低于在远海岛礁上使用化石燃料的成本 ❶。

6.6 盐差能

6.6.1 技术概述

6.6.1.1 发展历程

挪威国家电力公司（Statkraft）从 1997 年开始研究盐差能利用装置，2003 年建成世界上第一个专门研究盐差能的实验室，2009 年设计并建设了世界首座盐差能发电站，电站装机容量为 5MW，位于挪威奥斯陆附近的托芙特（Tofte）地区。盐差能的研究以美国、以色列的研究为先，中国、瑞典和日本等也开展了一些研究。总体上，对盐差能的研究还处于实验室水平，距示范应用还有较长的距离。

---

❶ 张继生，唐子豪，钱方舒. 海洋温差能发展现状与关键科技问题研究综述 [J]. 河海大学学报: 自然科学版，2019，47（01）：59-68.2019，47（01）：59-68.

6.6.1.2　发电原理

在江河的入海处，由于淡水和海水的盐度不同，海水对于淡水存在渗透压以及稀释热、吸收热、浓淡电位差等浓度差能。盐差能是指海水和淡水之间或两种含盐浓度不同的海水之间的化学电位差能，是以化学能形态出现的海洋能。主要存在与河海交接处。同时，淡水丰富地区的盐湖和地下盐矿也可以利用盐差能。盐差能是海洋能中能量密度最大的一种可再生能源。

盐差能发电就是利用两种含盐浓度不同的海水化学电位差能，并将其转换为有效电能，如图 6.15 所示。当把两种浓度不同的盐溶液倒在同一容器中时，浓溶液中的盐类离子就会自发地向稀溶中扩散，直到两者浓度相等为止。研究发现，在 17℃时，如果有 1mol 盐类从浓溶液中扩散到稀溶液中去，就会释放出 5.5kJ 的能量来。

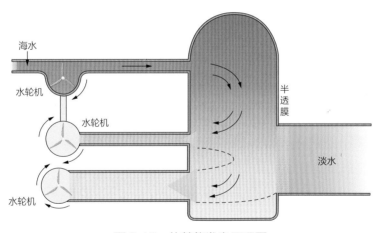

图 6.15　盐差能发电原理图

6.6.1.3　技术分类

根据发电方式不同，盐差能发电主要有渗透压能法、渗析电池法和蒸汽压能法等，其中渗透压能法最受重视。

1. 渗透压法（Pressure Retarded Osmosis，PRO）

渗透压法装置一般设在河流入海口处。淡水和海水经过预处理后分别进入装置的膜组件中的淡水室和浓水室，由于半透膜两侧的渗透压差，80%～90%的淡水向浓水渗透，从而使高压浓水体积增大，其原理如图 6.16 所示。

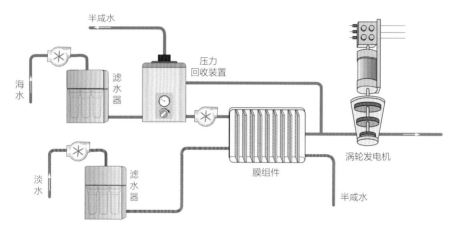

图 6.16　渗透压法盐差能发电原理图

通过这个渗透过程，盐差能转化为压力势能。在浓水室，体积增加后的浓水有 1/3 直接推动涡轮发电，另外 2/3 的浓水经过压力回收装置排出。在这个过程中，海水泵不断注入海水以保持浓度不被稀释，从而维持稳定的渗透压。

2. 反电渗析法（Reversed electrodialysis，RED）

反电渗析法盐差能发电的概念最早是在 1954 年由派特（Pattle R. E）提出，是一种通过控制混合的两种不同盐浓度水体发电的技术 ❶。反电渗析法也称渗析电池法或浓淡电池法，这种电池采用阴离子渗透膜（只允许阴离子通过）和阳离子渗透膜（只允许阳离子通过）。这两种膜交替放置，中间的间隔处交替充以淡水和盐水。在以浓度为百万分之 850 的淡水和海水作为膜两侧的溶液的情况下，

---

❶ Pattle R E. Production of electric power by mixing fresh and salt water in the hydroelectric pile [J]. Nature，1954，174（4431）：660-661.

界面由于浓度差而产生的电位差约为 80mV。如果把多个这类电池串联起来，可以得到串联电压，形成电流，其原理如图 6.17 所示。这种方式是直接将盐差能转换为电能，所以有较高的理论发电效率。RED 所能产生的能量取决于可用的淡水的量及反电渗析过程的效率。研究表明，该过程的效率在 14%~35% 之间。

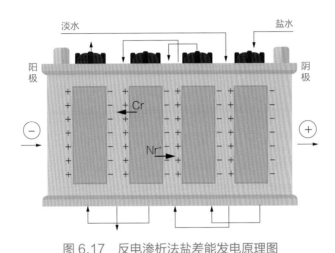

图 6.17　反电渗析法盐差能发电原理图

3. 蒸汽压法（Vapour compression，VC）

　　1979 年，欧盛（Olssen）等人首次提出通过蒸汽压缩热过程利用蒸汽压差，实现盐差能利用的系统方案，[1] 其原理如图 6.18 所示。在同一温度下，盐水的蒸汽压比淡水的蒸汽压小，它们之间产生蒸汽压差，蒸汽压差推动气流运动，蒸汽压法便是利用气流推动涡轮发电。在这个过程中，淡水不断地蒸发吸热使得温度降低，蒸汽压也随之降低，同时水蒸气不断在盐水里凝结放热使盐水温度升高，使其蒸汽压升高，破坏了蒸汽的流动。通过热交换器（铜）将热能不断地从盐水传递到淡水，使淡水和盐水保持相同的温度，这样就能保持蒸汽恒定的流动。这种方式中汽轮机的工作方式与海洋温差能转换装置的开式循环类似。蒸汽压法最大的特点就是，它不会有 PRO 和 RED 两种方法中由膜技术带来的一系列问题。

❶ M. Olsson，G.L. Wick and J.D. Isaacs，Salinity gradient power: Utilizing vapor pressure differences，Science，206（1979）452-454.

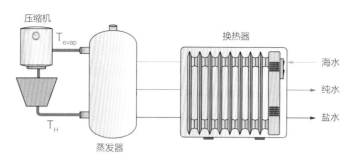

压缩机　换热器　海水　纯水　盐水　蒸发器

图 6.18　蒸汽压法盐差能发电原理图

6.6.1.4　工程案例

　　1997 年，挪威两位工程师与挪威国家电力公司（Statkraft）进行合作，在公司内设立了 PRO 能发电技术研发部门，利用与乐博（Leob）相似的设计方案，得到了接近预期值的实验结果。而后挪威国家电力公司（Statkraft）持续对该项技术进行研究，2003 年时，建成了专门用于膜组件测试的实验室。在 2009 年，挪威国家电力公司（Statkraft）在托芙特（Tofte）建造了一座 5kW 的渗透压法盐差能发电站。

　　电站一共安装了 64 个卷式膜组，膜组中的正渗透膜总面积达到 2000m^2。海水从电站旁边的峡湾中抽取，经预处理后经升压泵升压后通入膜组交换管中，淡水由高处的水箱中经过滤后也通入膜组，在膜组交换管中向海水一侧发生正渗透，二者合流后流入水轮机箱体内进行发电。混合水经过水轮机之后进入压力交换器，剩余压力为入口海水提供压力。

　　制约压力延滞渗透发电技术的最大因素在于膜的渗透效率。挪威国家电力公司（Statkraft）及合作者经过多年的研究，将正渗透膜的功率密度从最初的不到 0.1W/m^2 提高到了目前的接近 2W/m^2，但若使系统具有经济性，渗透膜的功率密度需达到 4~6W/m^2。经过一段时间的运行，由于进一步研究困难较大，2013 年底，挪威国家电力公司（Statkraft）停止了托芙特（Tofte）盐差能电站的运行，并停止了相关 PRO 技术的进一步研究[1]。

❶ Stein Erik Skilhagen，Rolf Jarle Aaberg. Osmotic power – Power production based on the osmotic pressure difference between fresh water and sea water. Owemes 2006，20-22 April. Citavecchia, Italy.

6.6.2　关键技术

　　盐差能的主要发电方法是渗透压能法和反电渗析法，这两种方法的核心都是渗透膜。但由于目前渗透膜技术的不成熟，采用这两种方法发电都面临着高成本、低效率的局限性。因此，发展盐差能的关键是发展膜技术，尤其是有针对性地提高相关技术。

　　首先，要提高膜的渗透效率。膜的渗透效率低是目前盐差能发电面临的关键性问题之一，解决好这方面的问题，对于渗透压能法来说，重点在于提高膜技术的透水率和工作性能，以使淡水更快、更有效地渗透到海水一侧；对于反电渗析法来说，重点在于提高离子渗透膜的选择性能，并尽可能降低装置内其他因素对渗透膜的选择性能造成的阻碍和对能量造成的损失，以使得阴阳离子更有效地流动。**其次，降低膜的制造成本**。目前，盐差能发展缓慢的另一大主要原因在于膜材料制造成本的昂贵，尤其是反电渗析法需要耗费大量的离子渗透膜。因此，为大力推动盐差能发电技术的发展，研发出廉价、能够大量商业化销售的膜是十分必要且关键的。**最后，延长膜的使用寿命**。一方面要提高膜的抗污染性能、抗腐蚀性，尽量延缓其因长期浸泡在水里而过早被污染、腐蚀的可能，另一方面要进行预处理和定期的清洗，避免其因长期的生物积垢和泥沙淤积而造成性能上的减弱。

　　对于蒸汽压能法，目前它最大的优势是不需要使用渗透膜，这样避免了与渗透膜有关的难题。但却面临着使用的装置太过庞大、昂贵的问题。因此，蒸汽压能法要在装置的体积以及成本方面做重点研究 ❶。

6.6.3　发展前景

　　与其他海洋能源相比，盐差较少受气候条件限制。从世界范围来看，盐差能发电的研究仍处于实验室的技术研发阶段，离大规模的商业化推广利用仍有很大的距离。同时，由于一些不确定自然因素的限制，盐差能发电更是面临着

---

❶ 王燕，刘邦凡，段晓宏.盐差能的研究技术、产业实践与展望[J].中国科技论坛，2018，No.265（05）：55-62.

重重阻力。盐差能开发面临的挑战主要表现在以下三个方面 ❶。

一是自然因素。虽然盐差能很少受候条件限制，但是却深受季节变换的影响。因为盐差能功率的大小取决于沿海江河入海淡水流量的变化。一方面，受自然因素的影响，沿海江河入海淡水流量一年四季不同。因此，盐差能功率在不同季节以及不同年份的变化也十分显著，具有不稳定性。另一方面，由于人为的因素，一些地区江河的入海淡水流量呈现出逐年减少的趋势，甚至出现断流的情况，这将严重影响盐差能的发电功率。因此，盐差能开发面临着自然与人为的双重的严峻挑战。

二是技术因素。盐差能研究进展缓慢的关键原因在于技术不成熟。目前，盐差能的发电方法主要是渗透压能法和反电渗析法，这两种方法的关键部件是渗透膜。但现在所研发的渗透膜不仅能量转化效率低，能量密度小，而且发电成本超高。同时，盐差能开发的其他技术更不成熟，更无法满足盐差能利用的商业化发展。

三是选址因素。盐差能发电主要位于河海交汇处，而这些地区多为经济活动发达的地区，在这些地区开发盐差能是否会对现有的正常经济活动造成影响是需要研究的问题之一。

❶ 王燕，刘邦凡，段晓宏 . 盐差能的研究技术、产业实践与展望 [J]. 中国科技论坛，2018，No.265（05）：55-62.

结　语

　　清洁能源发电技术是未来实现能源系统清洁转型和构建全球能源互联网的重要基础。推动清洁能源发电的技术进步和广泛应用，需要各方在以下几个方面共同努力。**一是坚定信心、凝聚共识、加强合作**。各国政府、能源企业、行业组织、社会团体建立促进能源清洁转型的合作机制，共同推动清洁能源发电技术进步和行业发展。**二是加强产业链整合，注重创新驱动**。发挥高校、研究机构、企业、行业协会等各方面的优势力量，建立产学研深度融合发展新路径，推动技术和装备研发攻关，加快形成上下游协同联动的有利局面，推动全产业链共同发展。**三是加强商业模式和投融资方式研究创新**。紧紧抓住清洁能源转型的历史机遇，进一步加快推动大型清洁能源发电基地项目落地，提高规模化效益，增强清洁能源发电的经济性优势。

　　随着技术不断发展和成熟，水电单机容量和适应水头范围不断扩大；风电实现机组大型化，资源开发向海上、极地等区域延伸；光伏转化效率不断提升，环境适应能力增强；光热系统运行温度提高；干热岩发电技术取得突破；海洋能实现多途径综合利用。清洁能源的大规模开发利用，将推动相关科学与工程技术进步、产业与金融蓬勃发展，为全球经济发展注入新动能。预计到 2050年，清洁能源发电设施行业的投资规模有望达到 25 万亿美元，带来超过 2.15亿个就业岗位；全球清洁能源发电占比将超过 80%，各大洲依托其特有的资源条件，形成以水、风、光发电为基础，地热、海洋能等为补充的清洁绿色、多能互补、安全高效的电力供应新格局。

　　在技术进步、产业升级、广泛应用等因素的共同推动下，全球平均发电成本有望下降 50% 左右，让清洁能源发电技术成果惠及全球，为人类可持续发展奠定坚实基础。

附录 1 技术成熟度评估方法

附 1.1 评估标准

美国国家航空航天局于 20 世纪 90 年代提出了技术成熟度（Technology Readiness，TR）的概念，它是指技术相对于某个具体系统或项目所处的发展状态。技术成熟度评估方法，可用于量化分析关键技术状态，辅助项目立项决策及建设过程中的里程碑控制。任何一项技术都必然有一个发展和验证的过程，在技术成熟度评价体系中往往根据技术达到的成熟水平分成不同的等级。技术成熟度等级（Technology Readiness Level，TRL）是指对技术成熟程度进行量度和评测的一种标准，将技术从萌芽状态到成功应用于系统的整个过程划分为几个阶段，为管理层和科研单位提供了一种统一的标准化通用语言。TRL 通常划分为 9 个等级：

（1）TRL1，基本原理被发现和报告；
（2）TRL2，技术概念和用途被阐明；
（3）TRL3，关键功能和特性的概念验证；
（4）TRL4，实验室环境下的部件和试验台验证；
（5）TRL5，相关环境下的部件和试验台验证；
（6）TRL6，相关环境下的系统及子系统模型或原型机验证；
（7）TRL7，模拟极端环境下的原型机验证；
（8）TRL8，系统完成技术试验和验证；
（9）TRL9，系统完成使用验证。

目前，技术成熟度评估大都侧重于对单一技术的评估。然而，在一大类清洁能源发电技术中，往往会涉及多项关键技术，在发电项目建设中，也包含着众多的装备系统。这都使得单一技术的成熟度评估方法无法满足对清洁能源发电技术体系技术状态分析的需求，因此，须拓展技术成熟度评估的范畴。

根据一项清洁能源发电技术从理论研究到落地应用的各项主要工作和对技术水平的要求，可以设定项目论证、项目准备、项目评估和项目实施四个阶段。其中，项目论证主要是验证技术设计方案的可行性；项目准备是指相关设备的引入和关键技术的研发；项目评估是对关键技术水平进行评价，其评价结果直接影响着项目实施进度；项目实施是指清洁能源发电技术的应用以及工程的安全建设和投运。根据各阶段主要工作和对技术水平的要求，设定如附表 1.1 所示的里程碑。

附表 1.1　技术里程碑

里程碑 A 项目论证	1	技术应用研究及可行性论证
	2	
	3	
里程碑 B 项目准备	4	设备集成与模拟环境运行
	5	
	6	
里程碑 C 项目评估	7	技术分析及风险评价
	8	
里程碑 D 项目实施	9	技术应用与推广

里程碑 A，项目论证阶段。该阶段对应于 TRL1、TRL2 和 TRL3，当技术达到 TRL3 时，即满足技术应用可行性研究，则可进入里程碑 B，即项目准备阶段。此时在引入设备的同时进行关键技术的研发和改进，当系统模型通过 TRL6 的验证，即进入项目评估阶段，即里程碑 C。在项目评估阶段中，不断完善关键技术，使得系统模型能在模拟环境下稳定运行，并在保障社会效益的同时实现各项功能，即成功执行 TRL8，此刻的技术水平具有较高的可信度，可应用于实际建设环境中，即具备进入里程碑 D 的条件，可展开清洁能源发电技术的应用和发电工程的建设。

附 1.2 评估方法

1. 计及投资成本的清洁能源发电技术成熟度评估

每一大类清洁能源发电技术都由多个环节和设备组成，其技术成熟度是所有环节和设备关键技术的技术成熟度的综合结果。首先由专家针对各个关键技术以及相应的技术指标体系，给出评分，并给出各指标之间的相对重要程度，然后结合 AHP 方法，计算该项关键技术的技术成熟度 $f_{TRL,i}$。

若技术成熟度越低，则技术研发的投资越大，其成本在投资中占的比重越大，对项目的投资效益影响也越大。因而，每项关键技术的技术成熟度的权重与其成本成正比，即有

$$\omega_i = C_i / C_T \qquad\qquad （附 1-1）$$

式中　　C_i——该项关键技术的研发成本；

　　　　C_T——整个清洁能源发电技术应用的总成本。

因而，每一项清洁能源发电技术的成熟度可表示为

$$f_{TRLT} = \sum_{i=1}^{n} \omega_i f_{TRL,i} \qquad\qquad （附 1-2）$$

式中　　$f_{TRL,i}$——每项关键技术的成熟度；

　　　　f_{TRLT}——该项清洁能源发电技术的成熟度。

2. 计及不同环节间相关性的技术成熟度评估

在清洁能源发电技术应用中，共涉及 k 项关键技术，且已知各自的技术成熟度等级，则使用技术成熟度等级矢量进行表示为

$$V_{TRL} = [TRL_1, TRL_2, \cdots, TRL_k]^{\mathrm{T}} \qquad\qquad （附 1-3）$$

对技术集成成熟度，进行两两技术之间的分析，建立技术集成成熟度等级矩阵

$$M_{TIRL}=\begin{bmatrix} TIRL_{11}TIRL_{12}\cdots TIRL_{1k} \\ TIRL_{21}TIRL_{22}\cdots TIRL_{2k} \\ \vdots \quad \vdots \quad \vdots \quad \vdots \\ TIRL_{k1}TIRL_{k2}\cdots TIRL_{kk} \end{bmatrix}$$（附 1-4）

其中，$TIRL_{kk}$ 取为 9 级，即相同技术之间认为可完全集成。

计算系统成熟度等级矢量

$$V_{SRL}=M_{TIRL}\times V_{TRL}=[SRL_1, SRL_2, \cdots, SRL_k]^{\mathrm{T}}$$（附 1-5）

其中，SRL_i 可认为是单向技术成熟度在考虑了与其他技术集成后的综合结果。

由式（附 1-5）可以计算综合的系统成熟度等级指标

$$CSRL=\sum_{i=1}^{k}SRL_i / k_i k$$（附 1-6）

其中，k_i 标识在 M_{TIRL} 中与技术 i 具有集成关系的技术个数（含自身）。

在计算过程中，M_{TIRL} 和 V_{TRL} 需要先进行归一化，则 $CSRL$ 的结果位于 [0，1] 范围内。

按照成熟度评价方法，可对每种清洁能源发电技术成熟度开展评估。

附录 2 清洁能源发电投资估算方法

附 2.1 概述

清洁能源发电项目的投资水平是反映该发电技术经济性的直接量化指标，是进一步分析清洁能源开发经济价值的基础。清洁能源发电项目在立项之前一般先要开展选址研究，受宏观选址研究阶段获得信息完整性、建设时机的不确定性等限制，该阶段对项目投资水平的估算结果与最终投资额存在相当的偏差。通过大量工程案例投资水平的分析可知，随着项目阶段推进，投资水平的测算精度越来越高，如附图 2.1 所示，从中国相关工程规划、设计和建设的经验来看，项目建议书阶段的投资估算差异一般在 20% 左右。

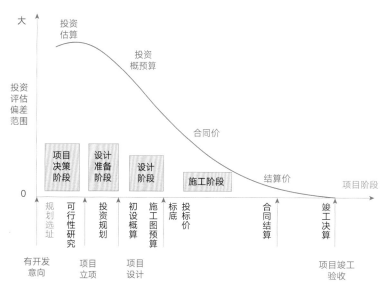

附图 2.1 项目各阶段造价对工程最终造价的影响

在项目宏观选址研究阶段，需要准确判断影响工程投资水平的最主要因素，如项目采用的技术装备、年发电量水平，以及并网和交通条件等主要外部建设条件，重在体现项目的规律性，增强估算方法的可操作性。例如分析研究技术装备影响时，需要考虑目标年该技术的发展水平，如风电单机容量可达 10MW 甚至 20MW，能够获取距离地面更高空域的风能资源，风机转化效率进一步提升等，都会对项目投资水平产生影响。同时，也需要尽可能识别影响投资的一些主要不确定性因素。举例而言，研究场外交通影响时，由于在远离现有道路的地区进行工程建设，一般需要修建必要的场外引接公路，增加建设成本，报告采用了交通成本因子法，结合格点最短公路运距，量化测算公路对开发成本的影响。测算并网条件影响时，由于在远离电网的地区建设发电厂，一般需要修建更长的并网工程，增加了开发成本。不同规模、不同距离的电源并网需要采用不同输电方式和电压等级，相应的成本水平差异较大。

从工程实践来看，项目投资估算一般是根据工程类型，参照相应的投资概算编制方法将工程设备费、建筑及安装工程费、其他费用等分项估算，得到工程造价总投资。该方法准确度较高，但需要收集大量资料并明确项目建设的所有边界条件，如项目所在地的用工、征地和金融政策等，并不适用于在全球范围开展项目宏观选址阶段的快速投资水平估算。

美国可再生能源实验室（NREL）对未来项目的投资预测主要基于对投资构成项未来的变化发展趋势分析的基础上，设定了容量因子参数，通过容量因子随时间变化对投资构成影响进行了预测 ❶。该方法可进行快速投资估算，但是对于规律性不强的项目前期费用、征地费用等无法进行评估，往往导致投资预测与实际偏差较大。

通过广泛收集近十年来全球清洁能源工程项目的相关信息，充分考虑当前阶段工程技术特征参数的可获得性，利用历史数据和智能算法相结合，报告构建了智能高效的投资估算模型，可辅助完成清洁能源发电项目在宏观选址阶段的投资估算工作。

---

❶ National Renewable Energy Laboratory. Annual Technology Baseline 2018 [R]. Colorado：NREL，2018.

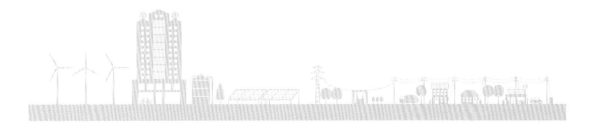

附 2.2 模型和方法

1. 分析模型

按照投资的性质，清洁能源发电项目投资可分为技术类和非技术类。**技术类投资**主要包括项目开发需要使用的设备投资和建筑安装费用。**非技术类投资**主要包括项目前期费用，征地费用和人工费用等。其中，技术类投资变化规律相对明显，可按照回归统计的方法进行评估和预测，再根据对技术成熟度水平及发展趋势进行适当修正。非技术类投资不确定性因素多，规律相对复杂。报告结合历史数据建立的投资水平预测模型（RL-BPNN 模型）综合了两种方法：一是基于多元线性回归 + 学习曲线拟合的统计和外推方法，二是基于深度自学习神经元网络算法的关联度分析和预测方法。评估方法的主要流程如附图 2.2 所示。

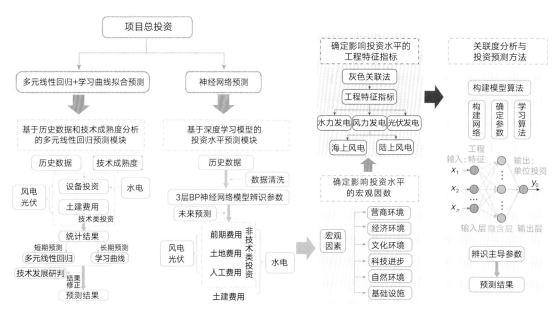

附图 2.2　投资估算模型的架构

2. 多元线性回归法

多元线性回归预测技术主要是研究一个因变量与多个自变量之间的相关关系。在回归分析中，如果有两个或两个以上的自变量，就称为多元回归。在分析和处理实际问题的过程中，一种现象常常是与多个因素相联系的或者是受多种因素影响的。例如，清洁能源发电项目在选址规划阶段的投资额可能会受到多种因素的影响，包括项目的建设地形、装机规模、机组选型以及各种工程特征等。由多个自变量的最优组合共同来预测或估计因变量，比只用一个自变量进行预测或估计更有效，更符合实际。

设变量 $x_1, x_2, \cdots, x_p$ 是 p（$p > 1$）个线性无关的可控变量，y 是随机变量，他们之间的关系为

$$\begin{cases} y = b_0 + b_1 x_1 + \cdots + b_p x_p + \varepsilon \\ \varepsilon \sim N\left(0, \sigma^2\right) \end{cases} \qquad （附 2-1）$$

式中：$b_0, b_1, \cdots, b_p, \sigma^2$ 都是待求的未知参数，ε 为随机误差，这就是 p 元线性回归模型。

对变量 $x_1, x_2, \cdots, x_p$ 和 y 作 n 次独立观察，可得容量为 n 的一个样本

$$(x_{i1}, x_{i2}, \cdots, x_{ip}, y_i) \qquad (i=1, 2, \cdots, n)$$

在投资估算中，这些常量是过去的历史资料，由 p 元线性回归关系式可得

$$\begin{cases} y_1 = b_0 + b_1 x_{11} + b_2 x_{12} + \cdots + b_p x_{1p} + \varepsilon_1 \\ y_2 = b_0 + b_1 x_{21} + b_2 x_{22} + \cdots + b_p x_{2p} + \varepsilon_2 \\ \quad\vdots \\ y_n = b_0 + b_1 x_{n1} + b_2 x_{n2} + \cdots + b_p x_{np} + \varepsilon_n \end{cases} \qquad （附 2-2）$$

为了数学处理上的方便，将上式用矩阵形式来表示。记为

$$y = \left[y_1, y_2, \cdots, y_n\right]^\top, \quad X = \begin{bmatrix} 1 & x_{11} & \cdots & x_{1p} \\ 1 & x_{21} & \cdots & x_{2p} \\ \vdots & \vdots & \vdots & \vdots \\ 1 & x_{n1} & \cdots & x_{np} \end{bmatrix}$$

$$b = \left[b_0, b_1, \cdots, b_n\right]^\top, \quad \varepsilon = \left[\varepsilon_0, \varepsilon_1, \cdots, \varepsilon_n\right]^\top$$

则线性回归模型可改写为

$$Y = XB + \varepsilon \qquad （附 2-3）$$

记 B 的估计向量为 $\hat{B}$

$$\hat{B} = \left(\hat{b_0}, \hat{b_1}, \cdots, \hat{b_p} \right)^{\top}$$

因此可得

$$\hat{B} = \left(\hat{b_0}, \hat{b_1}, \cdots, \hat{b_p} \right)^{\top} = \left(X^{\top} X \right)^{-1} X^{\top} Y \qquad （附 2-4）$$

$$\hat{Y} = \left(\hat{y_1}, \hat{y_2}, \cdots, \hat{y_n} \right) = X\hat{B} \qquad （附 2-5）$$

将得到的 $\hat{b_0}, \hat{b_1}, \cdots, \hat{b_p}$ 代入 p 元线性回归关系式，可以得到

$$y = b_0 + b_1 x_1 + b_2 x_2 + \cdots + b_n x_n \qquad （附 2-6）$$

式中　　$x_1 - x_n$——投资各类费用项；

　　　　b_0——固定投资项；

　　　　$b_1 - b_n$——权重；

　　　　y——总投资额。

具体来看，风电、光伏、光热发电的设备投资和建筑安装费用规律性较强，与技术发展水平强相关，以同类工程历史数据分别按照不同权重进行多元线性回归统计分析，在结合技术成熟度和发展趋势进行修正，可得出较为准确的预测结果。水电、地热工程的技术类投资中，设备投资与装机规模间的规律性较强，可采用回归法预测；但建筑安装费用在总投资中占比差异较大，受水电站坝型选择、地热井的深度、地形地质条件和周边环境影响大，规律不明显，不宜采用回归法进行预测。

3. 神经元网络法

神经元网络是由大量处理单元互联组成的非线性、自适应信息处理系统。基于深度自学习的神经元网络预测算法的选取与所选样本的相关度较强。

人工神经网络是由大量处理单元互联组成的非线性、自适应信息处理系统。它是在现代神经科学研究成果的基础上提出来的，试图通过模拟大脑神经网络处理、记忆信息的方式进行信息处理。人工神经网络中，神经元处理单元可表示不同的对象，例如特征、字母、概念，或者一些有意义的抽象模式。网络中处理单元的类型分为三类：输入单元、输出单元和隐层单元。输入单元接受外部世界的信号与数据；输出单元实现系统处理结果的输出；隐层单元是处在输入和输出单元之间，不能由系统外部观察的单元。神经元间的连接权值反映了单元间的连接强度，信息的表示和处理体现在网络处理单元的连接关系中。

人工神经网络是一种非程序化、适应性、大脑风格的信息处理系统，其本质是通过网络的变换和动力学行为得到一种并行分布式的信息处理功能，并在不同程度和层次上模仿人脑神经系统的信息处理功能。它是涉及神经科学、思维科学、人工智能、计算机科学等多个领域的交叉学科。人工神经网络是并行分布式系统，采用了与传统人工智能和信息处理技术完全不同的机理，克服了传统的基于逻辑符号的人工智能在处理直觉、非结构化信息方面的缺陷，具有自适应、自组织和实时学习的特点。

BP 神经网络（Back Propagation Neural Network，BPNN）是目前最常用的人工神经网络模型，起源于学者鲁姆哈特（Rumelhart）和麦克塞兰（McCelland）提出的一种多层前馈网络的误差反向传播算法，其特点是可以进行信息的分布式存储和并行处理，具有自组织、自学习能力等。

BP 神经网络模型通常分为三层：输入层、隐含层和输出层，各层之间全连接，但同一层的神经元无连接。输入层和输出层的节点根据实际问题来确定，而隐含层节点的个数一般根据经验来确定。针对清洁能源发电项目的非技术类投资估算问题构建 BP 神经网络，输入变量为项目工程特征、输出变量为单位千瓦的投资，如附图 2.3 所示。

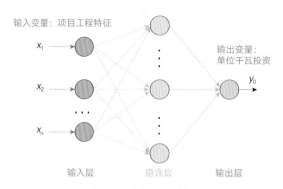

附图 2.3 用于非技术类投资估算的 BP 神经网络

基本的 BP 神经网络算法包括信号的前向传播和误差的反向传播两个方面，在计算的过程中，BP 神经网络通过自身学习机制，根据网络的输出与期望输出间的误差信号，调整隐含层的连接权值，直到误差满足网络训练的目标要求或迭代次数达到网络设定的上限，最终得到全局误差极小的神经网络，具体过程如附图 2.4 所示。隐含层根据"顺序传播信号"和"误差逆序传播信号"间的反复交替过程形成"学习记忆"，BP 神经网络通过学习记忆得到最终收敛的网络。

附图 2.4 BP 神经网络学习收敛过程

BP 神经网络具体的算法流程如附图 2.5 所示。BP 神经网络的优点是可以模仿人脑的智能化处理方式，具有非线性映射能力，善于从输入和输出信号中寻找规律，不需要精确的数学模型，并行计算能力强，具备常规算法和专家系统所不具备的自学习和自适应功能。

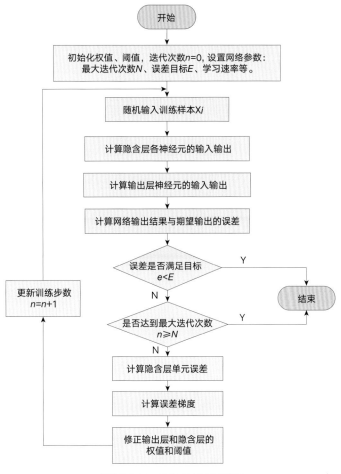

附图2.5 BP算法流程图

4. 灰色关联分析

灰色关联分析（Grey Relation Analysis，GRA）常用来对各行各业的实际问题进行建模分析，其基本思路是根据序列曲线在同一坐标系中几何形状的相似程度来判断不同序列之间联系的紧密程度。例如，利用灰色关联分析筛选水电项目工程投资估算的关键指标，根据各工程特征数据序列曲线与单位千瓦投资序列曲线间的紧密程度来判断工程特征与投资的关联程度，曲线越相似，序列间的关联度越大。该方法使用起来数据易处理，计算简单，适用于投资估算指标体系的选取。其计算步骤如下。

（1）确定评价指标数据序列，组成比较矩阵。设 X_i 为第 i 个工程特征指标，$i = 1, 2, \cdots, m$；设 $X_0 =[x_0(1), x_0(2), \cdots, x_0(n)]$ 为选定的参考序列，即单位千瓦投资序列。X_i 在序号 j（代表工程样本序号）上的观察数值为 $x_i(j)$，$j = 1, 2, \cdots, n$，则称 $X_i =[x_i(1), x_i(2), \cdots, x_i(n)]$ 为特征 X_i 的行为指标序列。比较矩阵为

$$X = \begin{bmatrix} x_{11} & x_{12} & \cdots & x_{1n} \\ x_{21} & x_{22} & \cdots & x_{2n} \\ \vdots & \vdots & \vdots & \vdots \\ x_{m1} & x_{m2} & \cdots & x_{mn} \end{bmatrix} \qquad （附 2-7）$$

（2）对各指标序列 X_i 的数据进行标准化处理。为了对不同量纲的指标进行关联性分析，提高计算结果的准确性，采用 Z-Score 方法对多组不同量纲的指标数据序列进行归一化处理，即

$$x_i^*(j) = \frac{x_i(j) - \bar{X}_i}{S_i} \qquad （附 2-8）$$

其中，$\bar{X}_i$ 是原指标序列 X_i 的均值，S_i 是原指标序列 X_i 的标准差，经过标准化处理后的指标序列为 $X_i^* =[x_i^*(1), x_i^*(2), \cdots, x_i^*(m)]$。

（3）求差序列 Δ_i，即求工程特征指标序列 $X_i^*(i=1,2\cdots,m)$ 与投资序列 X_0^* 对应的分量之差的绝对值序列

$$\Delta_i(j) = \left| x_0^*(j) - x_i^*(j) \right| \qquad （附 2-9）$$

（4）求两级最大差和最小差，即求 $\Delta_i(j)$ 的最大值和最小值为

$$\begin{aligned} M &= \max_i \max_j \Delta_i(j) \\ m^* &= \min_i \min_j \Delta_i(j) \end{aligned} \qquad （附 2-10）$$

（5）计算灰色关联系数 $\gamma_{0i}(j)$，$i = 1, 2, \cdots, m$；$j = 1, 2, \cdots, n$，即

$$\gamma_{0i}(j) = \frac{m^* + \xi M}{\Delta_i(j) + \xi M} \qquad （附 2-11）$$

其中，ξ 是分辨系数且 $\xi \in (0,1)$，通常情况下取 $\xi = 0.5$。

（6）计算灰色关联度 γ_{0i}，$i = 1, 2, \cdots, m$，本文采用均值法，即

$$\gamma_{0i} = \frac{1}{m} \sum_{k=1}^{m} \gamma_{0i}(j) \qquad （附 2-12）$$

γ_{0i} 表示工程特征指标序列 $X_i(i = 1, 2, \cdots, m)$ 的与投资序列 X_0 间的关联度，γ_{0i} 越大表示工程特征序列 X_i 与投资序列 X_0 变化的态势越相似，说明序列 X_i 对于序列 X_0 的影响程度也就越大。为了提高投资估算的准确性，可以确定一个阈值 γ^*，当 $\gamma_{0i} \geqslant \gamma^*$ 时，认为工程特征指标对于投资的影响程度较大，视为关键指标；而当 $\gamma_{0i} < \gamma^*$ 时，则认为工程特征指标对于投资的影响程度较小，可以在投资模型建立时，剔除该指标。阈值 γ^* 的取值可以根据分辨率的大小，或者根据灰色关联度的计算结果结合实际问题确定。

附 2.3 投资估算流程

附 2.3.1 数据收集及预处理

研究中收集了近 10 年全球水、风、光伏约 1.7 万个投资项目的数据，考虑到货币的地区和时间特性，为保证投资数据的可比性，首先将不同项目的投资数据进行了预处理。

（1）将所有项目的投资数据按照不同时期汇率统一换算成美元。

（2）收集到的水电项目时间跨度超过了 30 年，对不同年份的水电投资数据，结合不同国家的通货膨胀率差异，按照水电工程价格指数统一折算到 2018 年的价格水平。

（3）对风电和光伏发电项目，考虑到技术进步、设备市场价格波动等因素，将不同年份的风电机组和光伏组件平均价格作为预测模块的输入变量，确保评估结果能够准确反映技术进步对降低投资的作用。

（4）工程特征指标预处理。工程特征指标是指能够体现清洁能源发电工程特点，并且与工程投资紧密相关的重要因素，作为清洁能源发电项目投资估算模型的输入变量，是模型构建的基础。针对不同发电技术选取在工程规划选址阶段能够初步确定的并对投资有影响的因素作为工程特征指标，如附表 2.1 所示。

附表 2.1　清洁能源发电项目投资的工程特征指标

项目类型	工程特征指标								
水电	建设地区	水库总库容	坝长	装机容量	机组台数	水轮机类型	额定水头	坝高	坝型
陆上风电	建设地区	地形	装机容量	单机容量	投产时间	设计水平年机组价格	地质	坡度	并网电压等级
海上风电	建设地区	离岸距离	装机容量	单机容量	投产时间	设计水平年机组价格	—	—	—
光伏	建设地区	地形	装机容量	投产时间	设计水平年机组价格	技术类型	地质	坡度	转化效率
光热	建设地区	装机容量	技术类型	设计水平年机组价格	储热介质	储热时长	—	—	—
地热	建设地区	装机容量	热源类型	技术类型	发电机工质	设计水平年机组价格	—	—	—

附 2.3.2　技术类投资分析

技术类投资影响因素繁多，主要包括建设地区、装机容量、单机容量等，符合多元线性回归模型的输入、输出参数要求。以陆上风电为例，将项目建设地区、装机容量、建设时间、地形、单机容量、水平年设备市场价格 6 个变量作为自变量，将单位千瓦投资作为因变量，构建多元线性回归模型。陆上风电项目共 621 个样本，随机选取 580 个样本进行多元线性回归模型的构建，其余 41 个样本作为测试样本。

对 6 个变量多元线性回归方程的显著性进行检验，选出对风电项目工程单位千瓦投资有显著影响的变量并保留在回归方程中；对于未通过检验的变量应剔除，重新构建回归方程，并进行拟合优度检验、序列相关性检验、整体显著性检验、各变量显著性检验。基于调整后的多元线性回归模型对投资水平进行预测，并选取平均绝对误差（MAE）、均方根误差（MSE）和平均绝对百分比误差（MAPE）三个误差指标来进行模型预测的准确性评价，调整后的预测对比效果如附图 2.6 所示。

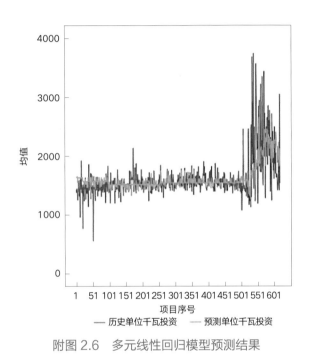

附图 2.6　多元线性回归模型预测结果

附 2.3.3　非技术类投资分析

根据清洁能源发电项目非技术类投资的特点，建立基于深度学习模型的神经元分析模块，辨识非技术投资与项目技术特征参数之间的模糊关联关系，完成投资估算。

1. 明确宏观影响因素

项目投资的宏观环境是一个由多种因素构成的综合系统，各因素的具体内涵及其对投资评估的影响程度和路径也各有不同。研究表明，影响投资水平的宏观因素主要有：营商环境、经济环境、文化环境、自然环境和基础设施等。项目选址初步确定后，地区的宏观环境因素基本明确，合理选择工程的特征指标，会从风险因素角度直接影响项目的非技术类投资，如附图 2.7 所示。

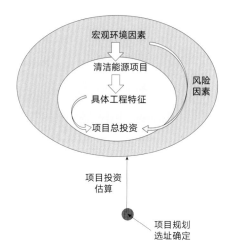

附图 2.7　宏观环境因素对工程投资的影响

2. 选择合理的工程特征指标

作为神经元网络的输入，选择的工程特征指标是用来反映工程与投资之间的关系，是网络进行深度自学习的条件。工程特征指标的确定是模型设计的关键环节。指标的确定原则包括：防止遗漏重要参数导致模型估算结果不合理；注重可操作性，结合模型应用场景选取可获得的工程指标；避免参数冗余造成模型复杂化等。

梳理影响投资的主要工程指标，形成待筛选指标集，然后采用灰色关联度分析，计算各个工程特征指标序列与单位千瓦投资之间的灰色关联度，对项目工程投资关键影响指标进行识别筛选。以水电为例，具体步骤如下：

步骤 1：对水电项目单位千瓦投资及其工程特征指标数据进行标准化处理，包括：建设地区、厂房形式、抗震设防烈度、装机容量、坝型、坝高、坝长、额定水头、机组台数、总库容等。

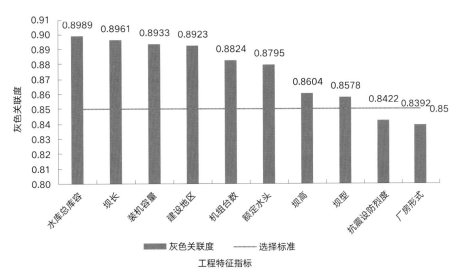

步骤 2：计算各个工程特征的数据序列与单位千瓦投资数据序列之间的灰色关联度。

步骤 3：将各个工程特征按照灰色关联度大小排序，为了保证筛选出的工程特征与单位千瓦投资之间具有高度的相关性，根据各个工程特征灰色关联度的差异，结合专家经验，以 0.85 为阈值，选择灰色关联度大于 0.85 的工程特征参数作为水电工程投资估算关键指标，即估算模型的输入变量。结果如附图 2.8 所示。

附图 2.8　水电工程特征指标灰色关联度

3. 投资预测

基于神经网络模型对水电项目工程投资估算模型关键是确定神经网络模型的结构，即分别确定网络的输入层、输出层和隐含层节点个数。

输入层节点个数即输入参数。为了准确有效地进行投资估算，合理的选择输入参数是至关重要的，如果参数选取太少，就会忽略某个或某些因素对投资的影响，导致投资估算的准确率降低；相反，如果参数选的过多，未必使投资估算的准确程度提高，而且可能会因为参数的冗余增加网络的复杂程度，导致神经网络训练所需的计算时间变长。由此可见，参数的选择对模型的性能好坏起着重要的作用。

仍然以水电工程为例，根据关键工程特征筛选的结果，选择水库总库容、坝长、装机容量、建设地区、机组台数、额定水头、坝高、坝型 8 个工程特征作为神经网络模型的输入，即神经网络的输入节点个数是 8。

隐含层节点的设定对神经网络系统的拟合效果起着非常关键的影响。隐含层神经元数代表网络输入与输出之间的非线性程度，对神经网络模型的训练速度和预测能力有着重要的影响，隐含层神经元数太少会影响网络的效果，同时会影响网络从输入层提取有价值的特征，网络可能对于数据规律学习不够充分，或网络不"强壮"，容错性差。但隐含层神经元数太多又使学习时间过长，误差也不一定最佳。

当处理具有 N_I 个自变量和 N_O 个因变量的实际问题时，神经网络的输入节点和输出节点分别对应自变量和因变量个数，而隐含层神经元的个数就可以根据经验公式（附 2-13）进行确定，即

$$N_H = \sqrt{N_I + N_O} + L，L = 0,1,2,\cdots,10 \qquad （附 2-13）$$

输出层节点个数为 1，输出变量为单位千瓦投资额。

综上所述，构建的具有 8 个输入，13 个隐含节点，1 个输出的三层神经网络模型如附图 2.9 所示。

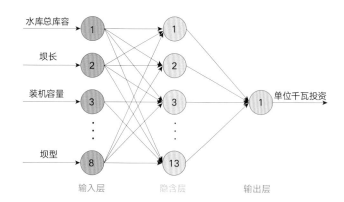

附图 2.9　BP 神经网络水电投资估算模型结构图

　　将全球水电项目的训练样本和测试样本分别输入 BP 神经网络模型和
PSO-BP 神经网络模型进行训练，可以得到预测结果，并选取平均绝对误差
（MAE）、均方根误差（MSE）和平均绝对百分比误差（MAPE）三个误差指标
来进行评价，见附图 2.10。

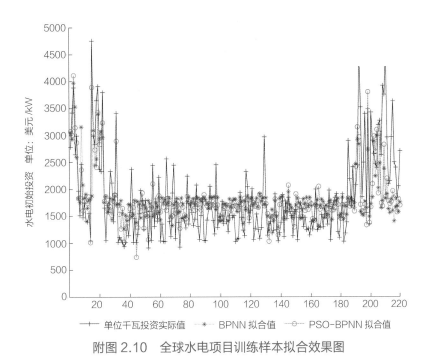

附图 2.10　全球水电项目训练样本拟合效果图

附录3　清洁能源发电度电成本计算方法

清洁能源开发的经济性评估方法主要有三种：一是净现值法（Net Present Value，NPV）。根据项目净现值的大小来评价投资方案的经济收益。二是内部收益率法（Internal Rate of Return，IRR）。计算项目可望达到的收益率，与目标收益率进行比较来确定项目是否经济可行。三是平准化度电成本法（Levelized Cost of Energy，LCOE）。报告采用平准化度电成本来反映清洁能源发电的经济性，并开展横向对比分析。

附3.1　度电成本法概述

平准化度电成本是将项目生命周期内的全部资本投入、贷款、运维等成本折算成现值记为总成本，将总成本按照生命周期内全部发电量进行分摊得到的平均成本。清洁能源发电项目没有燃料费用支出，采用平准化度电成本可以方便地对不同类型和资源条件的项目进行横向对比。从长期政策指导角度来看，度电成本模型不仅能考虑项目的技术和运行参数，还可以灵活计入项目开发的金融类成本、政府激励政策和措施等，是国际上政策制定者倾向使用的经济性分析方法。

平准化度电成本测算的计算公式为

$$LCOE = \frac{I_0 + \sum_{n=0}^{N}(D_n + R_n + V_n + W_n - B_n)(1+r)^{-n} - C(1+r)^{-N} + R_E}{\sum_{n=0}^{N} A_n (1+r)^{-n}} \quad （附3-1）$$

式中　　I_0——初始投资，包括设备成本、建设成本、并网成本等；

D_n——第 n 年电站折旧费用；

R_n——第 n 年电站年运行成本；

V_n——第 n 年税费；

W_n——第 n 年项目贷款还本付息成本；

B_n——第 n 年其他来源的收入，如可再生能源补贴等；

C——项目残值；

R_E——外部因素风险成本，主要包括财税、金融政策等外部因素变化所引发的成本；

A_n——第 n 年的发电量；

n——年份；

N——项目全生命周期；

r——基准折现率。

基于平准化度电成本法的经济性分析模型主要考虑了技术和运行参数、财务参数和政策措施等三方面影响因素，以风电为例，计算内容如附图 3.1 所示。

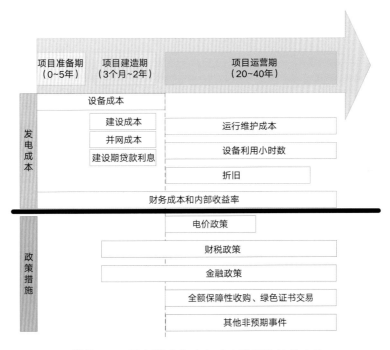

附图 3.1　风电平准化度电成本模型的计算内容

1. 技术和运行参数

技术参数主要影响设备成本和运维成本，需要根据不同国家、不同设备选型进行确定。水电项目的生命周期取值 30 年，风电、光伏、光热、地热等项目的生命周期取值 20~25 年。

2. 财务参数

财务参数包括基准折现率、贷款资本金比例、贷款利率、贷款期限、折旧率、折旧年限、固定资产残值率等。根据各国税率政策的不同，需要个性化设置，一般财务成本约占项目全寿命周期成本的 30%。

基准折现率是企业、行业或投资者以动态的观点所确定的、可接受的投资项目的最低标准收益水平。一般在货币通胀率低、投资风险小的国家，基准折现率在 3%~8%；在货币不稳定、投资风险大的国家，需要采用更高的折现率以控制投资风险。

3. 政策措施

影响度电成本的政策主要包括：项目开发政策、金融政策等。可以根据各国不同的政策措施调整有关财务参数和运行费用参数，也可以在计算中设置一个与初始投资或年运行费用相关的非技术成本，从而影响度电成本结果。

附 3.2　水电度电成本计算模型与方法

影响水能资源经济性的主要因素有以下三点。

（1）水能资源量条件，包括径流量、河段比降、年内年际水量变化等。

（2）工程枢纽投资，受地形地质条件、工程规模、建筑材料、交通运输、物价水平等影响。

（3）移民环保投资，包括移民安置赔偿、库区道路桥梁改建、鱼类增殖站、珍稀植物培育、保护动物栖息地恢复等。

水力发电度电成本计算模型如附图 3.2 所示。

附图 3.2　水电度电成本计算模型

计算时，除收集河流、流域的气象水文信息外，还需要收集水库淹没损失和移民情况等；流域内土地、森林、矿产、能源及水利资源等；流域涉及行政区及其国内生产总值、工农牧业生产的主要产品、产量、交通运输等有关国民经济指标及经济发展情况；流域内河流规划及勘测设计情况等信息。

附 3.3　风、光发电度电成本计算模型和方法

报告通过确定技术参数、确定成本参数、确定财务参数、确定政策参数等 4 个主要流程实现风光发电度电成本计算，以风电为例，其基本框架如附图 3.3 所示。光伏的计算模型与风电类似，不再赘述。

（1）确定技术参数。获取风能资源、出力特性、年利用小时数等技术参数。

（2）确定成本参数。确定风电场的初始投资（包括设备成本、建设成本等），明确风电场的运维成本参数。

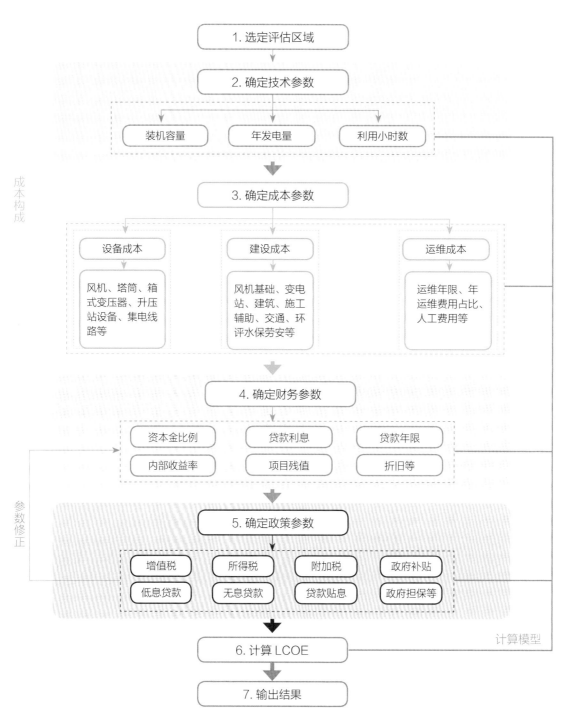

附图 3.3　平准化度电成本法基本框架

　　本报告需要对未来特定水平年的度电成本进行评估，因此，需要预测未来的初始投资等成本参数。根据风电技术装备成熟度评估结果和非技术成本发展趋势，按照附录2中提出的RL-BPNN模型，再结合全球各大洲发展水平，参考主要技术机构和国际组织成果，报告提出了2035年和2050年全球及各大洲风电综合初始投资预测结果，在此基础上，可根据各国实际情况具体确定风电设备成本参数。

　　（3）确定财务参数。包括资本金比例、贷款利息、折旧、项目残值、内部收益率等信息。

　　（4）确定政策参数。包括增值税、所得税、附加税、创业或引导基金、低息贷款、无息贷款、贷款贴息、政府贷款担保等，测算过程中主要体现为对财务参数的修正，并贯穿项目生命周期始终。

　　（5）计算LCOE。根据计算模型和各种输入参数，测算风电全生命周期的平准化度电成本。

附录 4 技术词汇

附表 4.1 技术词汇释义表

1	水轮机	水轮机是把水流的能量转换为旋转机械能的动力机械,属于流体机械中的透平机械
2	梯级水电站	由河流上游向下游呈阶梯状分布的水电站群,相互联系紧密,互相影响显著
3	推力轴承	推力轴承是用来专门承受轴向力的专用轴承,也称作止推轴承
4	高水头电站	水头大于 200m 的水电站,一般建设河流上游的高山地区,多数为引水式或混合式水电站
5	转轮	转轮是水流实现能量转换的部件,其上具有形状扭曲的叶片,水流从叶片之间通道中流过
6	折向器	水力发电的水轮机中,装在喷嘴出口处分流的装置
7	尾水管	尾水管位于转轮下方,是主要的通流部件,作用是引导进出转轮的水流。主要作用之一是回收转轮出口的一部分水流能量,来观察尾水管是如何回收能量的
8	齿轮箱	将风轮在风力作用下所产生的动力传递给发电机并使其得到相应的转速,具有加速减速、改变传动方向、改变转动力矩、分配动力等功能
9	风轮	将风能转化为机械能的风力机部件。由叶片和轮毂组成
10	叶尖速比	风轮叶片尖端线速度与风速之比称为叶尖速比;叶片越长,或者叶片转速越快,同风速下的叶尖速比就越大
11	叶片	风力发电机的核心部件之一,由外壳、腹板、梁帽、挡雨环、人孔盖、避雷系统等部分组成,外壳具有较复杂的空气动力学造型
12	海上风机	远离陆地的风力发电设施,由于海上丰富的风能资源和当今技术的可行性,海洋将成为一个迅速发展的风电市场
13	风电功率预测	对未来一段时间内风电场所能输出的功率大小进行预测,以便安排调度计划
14	偏航系统	又称对风装置,是风力发电机机舱的一部分,其作用在于当风速矢量的方向变化时,能够快速平稳地对准风向,以便风轮获得最大的风能
15	变桨	通过调节桨叶的节距角,改变气流对桨叶的攻角,进而控制风轮捕获的气动转矩和气动功率
16	故障穿越	当电力系统中并网点电压或频率超出标准允许的正常运行范围时,风电机组能够按照标准要求保证不脱网连续运行,且平稳过渡到正常运行状态的一种能力
17	缺陷 / 缺陷杂质	半导体材料中由于杂质掺入等原因,在带隙间形成能级,使得电子、空穴等载流子发生复合降低发电效率
18	弱光响应	在太阳光辐射功率较低情况下太阳电池将光能转换成电能的相应程度

19	钝化	对太阳电池吸收层、电极等材料进行改性处理以抑制载流子缺陷的制备工艺步骤
20	钢化玻璃	表面具有压应力的玻璃。具有高承载能力，抗风压性、寒暑性、冲击性良好
21	表面复合	表面复合是指位于半导体表面禁带内的表面态（或称表面能级）与体内深能级一样可作为复合中心，起着对载流子的复合作用
22	叠层电池	为与不同波段太阳光谱良好匹配，选用禁带宽度不同的吸收层材料制备太阳电池，按禁带宽度从大到小的顺序从外向里叠合起来，构成叠层太阳能电池
23	背表面场技术	背面接触区引入同型重掺杂区，由于改进了接触区附近的收集性能而增加电池的短路电流
24	带隙梯度	吸收层带隙宽度延太阳电池纵向深度方向发生变化，其变化梯度称为带隙梯度
25	聚光比	聚光比是指使用光学系来聚集辐射能时，每单位面积被聚集的辐射能量密度与其入射能量密度的比
26	塔式光热电站	将太阳辐射反射至放置于支撑塔上的吸热器，加热传热介质的方式进行发电的光热电站
27	槽式光热电站	利用槽式聚光镜将太阳光聚在一条线上，通过管状集热器吸收太阳能、加热传热工质的方式进行发电的光热电站
28	传热介质	传输热量的液体或气体，光热电站中常用导热油、熔融盐、水蒸气、氢气等物质
29	熔融盐	通常指无机盐的熔融体，常见的光热熔盐包括二元盐（40%KNO_3+60%$NaNO_3$）、三元盐（53%KNO_3+ 7%$NaNO_3$+ 40%$NaNO_2$）等
30	定日镜	定日镜指将太阳或其他天体的光线反射到固定方向的光学装置
31	储热	储热介质吸收太阳辐射或其他载体的热量蓄存于介质内部，热量以显热、潜热或两者兼有的形式储存
32	潜热	相变潜热的简称，指物质在等温等压情况下，从一个相变化到另一个相吸收或放出的热量
33	显热	物体在加热或冷却过程中，温度升高或降低而不改变其原有相态所需吸收或放出的热量，称为"显热"
34	凝汽器	凝汽器是将汽轮机排汽冷凝成水的一种换热器，又称复水器。凝汽器主要用于汽轮机动力装置中，分为水冷凝汽器和空冷凝汽器两种
35	地热井	地热井，指的是井深 3500 米左右的地热能或水温大于 30℃ 的温泉水来进行发电的方法和装置
36	地热流体	地热流体是地下热水、地热蒸汽以及载热气体等存于地下、温度高于正常值的各种热流体的总称
37	透平	将流体介质中蕴有的能量转换成机械功的机器，又称涡轮
38	地热田回灌	一种避免地热废水直接排放引起的热污染和化学污染的措施，对维持热储压力，保证地热田的开采技术条件具有重要的作用

39	水力压裂	水力压裂是利用地面高压泵，通过井筒向油层挤注具有较高粘度的压裂液
40	闪蒸发电	以200℃～500℃的低温废气作为热源，通过余热锅炉生产出过热蒸汽和一定量的饱和水，将低品位低温热能，通过闪蒸系统生产出饱和蒸汽，与过热蒸汽一起进入多参数汽轮机做功发电，增加余热发电功率
41	湿蒸汽	饱和蒸汽由于温度或压力的改变，部分气态水分子转变为液态，即蒸汽中携带了部分的水时就称其为"湿蒸汽"
42	干热岩	新兴地热能源，是一般温度大于180℃，埋深数千米，内部不存在流体或仅有少量地下流体（致密不透水）的高温岩体
43	多能互补	按照不同资源条件和用能对象，采取多种能源互相补充，以缓解能源供需矛盾，合理保护自然资源，促进生态环境良性循环
44	系泊	系泊，是指运用系缆设备使船停于泊位的作业过程。包括系靠码头、栈桥式泊位、桩柱、系泊浮筒和并靠他船等
45	波浪载荷	通常也称为波浪力，是波浪对海洋中的结构物所产生的作用，是由波浪水质点与结构间的相对运动所引起的
46	自对流技术	自然对流换热，亦称"自由对流换热"，简称"自然对流""自由对流"。是指不依靠泵或风机等外力推动，由流体自身温度场的不均匀所引起的流动

图书在版编目（CIP）数据

清洁能源发电技术发展与展望 / 全球能源互联网发展合作组织著. —北京：中国电力出版社，2020.10（2022.3 重印）

ISBN 978-7-5198-5075-3

Ⅰ.①清… Ⅱ.①全… Ⅲ.①无污染能源—发电—技术发展—世界 Ⅳ.① TM61

中国版本图书馆 CIP 数据核字（2020）第 203420 号

审图号：GS（2020）5848 号

出版发行：中国电力出版社
地　　址：北京市东城区北京站西街 19 号（邮政编码 100005）
网　　址：http://www.cepp.sgcc.com.cn
责任编辑：孙世通（010-63412326）　王冠一
责任校对：黄　蓓　李　楠
装帧设计：北京锋尚制版有限公司
责任印制：钱兴根

印　　刷：北京瑞禾彩色印刷有限公司
版　　次：2020 年 10 月第一版
印　　次：2022 年 3 月北京第二次印刷
开　　本：889 毫米 ×1194 毫米　16 开本
印　　张：15.5
字　　数：308 千字
定　　价：230.00 元